大数据与人工智能技术丛书

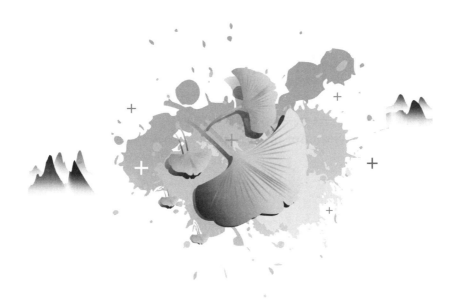

Introduction to Artificial Intelligence

人工智能概论

◎ 肖汉光 王勇 主编

黄同愿 郑小洋 刘瑞华 张宜浩 邹洋杨 涂飞 副主编

U0227701

清華大学出版社

北京

内 容 简 介

本书作为面向本科一年级学生的"人工智能"通识课教材,力争将人工智能的发展脉络、相关技术和理论基础、产业发展和成果等翔实地展现给读者。首先介绍人工智能的定义和发展史;然后,深入浅出地讲解机器学习、人工神经网络、深度学习、知识表示、专家系统、搜索技术、智能算法等人工智能的核心技术;最后,介绍两个主流的应用方向——图像识别和自然语言处理。各章都包含丰富的习题。

本书可以作为高等院校"人工智能"通识课程的教材,也可以作为普通读者(包括有意报考人工智能相关专业的中学生)整体了解人工智能领域的入门图书。

图书在版编目(CIP)数据

人工智能概论/肖汉光,王勇主编. —北京:清华大学出版社,2020.9(2024.8重印)
(大数据与人工智能技术丛书)
ISBN 978-7-302-55967-2

Ⅰ. ①人… Ⅱ. ①肖… ②王… Ⅲ. ①人工智能－概论 Ⅳ. ①TP18

中国版本图书馆 CIP 数据核字(2020)第 120474 号

责任编辑:付弘宇
封面设计:刘   键
责任校对:焦丽丽
责任印制:丛怀宇

出版发行:清华大学出版社
     网   址:https://www.tup.com.cn, https://www.wqxuetang.com
     地   址:北京清华大学学研大厦 A 座   邮   编:100084
     社 总 机:010-83470000   邮   购:010-62786544
     投稿与读者服务:010-62776969,c-service@tup.tsinghua.edu.cn
     质量反馈:010-62772015,zhiliang@tup.tsinghua.edu.cn
     课件下载:https://www.tup.com.cn,010-83470236
印 装 者:艺通印刷(天津)有限公司
经   销:全国新华书店
开   本:185mm×260mm   印 张:13   字   数:312 千字
版   次:2020 年 9 月第 1 版   印   次:2024 年 8 月第 8 次印刷
印   数:20001～22500
定   价:39.80 元

产品编号:087306-01

前　言

人工智能是当代经济发展的新引擎,大数据时代和 5G 通信时代的到来助推着人工智能这艘"航母"高速前进。我国《新一代人工智能发展规划》的发布,标志着人工智能国家发展战略开始正式实施。由此,正催生出一大批新的人工智能企业,倒逼着传统行业的智能改造和转型,同时也引发了各个行业对人工智能人才的渴求。因此,推进人工智能+传统专业的通识教育势在必行,特别是对了解人工智能基本知识、掌握人工智能技术的专业人才的培养迫在眉睫。为此,编写一本人工智能通识性教材十分必要。

本书面向大学一年级新生,在写作风格上尽量做到通俗易懂、言简意赅。本书开篇介绍了人工智能的定义和发展历史。然后,在人工智能的技术层面,深入浅出地讲解了机器学习、人工神经网络、深度学习、知识表示、专家系统、搜索技术、群智能算法等核心技术。最后,在人工智能的应用层面,介绍了两个热门的应用领域——图像识别和自然语言处理。全书力争将人工智能的发展脉络、技术与理论、当前产业发展和成果等翔实地展现给读者。本书适合讲授 16～32 学时,书中部分章节的标题标注了星号,表示该节是选讲内容。

本书的编写汇集了多位教师的智慧。本书第 1 章由刘瑞华编写,第 2 章由肖汉光编写,第 3 章由王勇编写,第 4 章由邹洋杨编写,第 5 章由涂飞编写,第 6 章由郑小洋编写,第 7 章由黄同愿编写,第 8 章由张宜浩编写。全书由肖汉光统稿。在本书编写过程中,突遇新冠肺炎疫情暴发,整个写作团队克服困难、团结协作,按时、保质保量地完成了本书的撰写工作,在此对他们表示衷心的感谢。

由于写作团队学识有限,成书较为仓促,加之近年来人工智能理论和技术发展迅速,对该领域的最新发展难以全面了解,因此,书中不足之处在所难免。请读者不吝指教,我们将不胜感激。

与本书配套的相关资源可以从清华大学出版社网站 www.tup.com.cn 下载,包括 PPT 电子课件、案例演示的源代码等,供讲授时参考。如果读者在本书与课件的使用中遇到问题,或对本书有任何意见与建议,请发邮件到 404905510@qq.com。

肖汉光

2020 年 4 月

于重庆两江人工智能学院

目 录

第1章

绪　　论

1.1　什么是人工智能

1.1.1　人工智能的定义

智能,会让我们联想到智力,它赋予了我们人类在生命形式中的特殊地位。但是,什么是智力? 如何测量智力? 大脑是如何工作的? 当我们试图理解人工智能时,所有这些问题都是有意义的。然而,对工程师来说,尤其是对人工智能专家来说,核心问题是如何研究出表现得像人一样智能的智能机器。

1955年,人工智能的先驱之一——约翰·麦卡锡(图1.1(左))首次将人工智能一词定义为:人工智能是开发出行为像人一样的智能机器。

图1.1　约翰·麦卡锡(左)与伊莱恩·里奇(右)

1983年,在《大英百科全书》中可以找到这样的定义:人工智能是数字计算机或计算机控制的机器人,拥有解决通常与人类更高智能处理能力相关的问题的能力。

1991年,伊莱恩·里奇(图1.1(右))在《人工智能》一书中给出的人工智能的定义为:人工智能是研究如何让计算机做目前人们擅长的事情。

此定义简洁明了地描述了人工智能研究人员在过去50年里一直在做的事情,即使到了2050年,这一定义也将是有效的。从里奇的定义可以看出,人工智能只关心智能过程,这样做实际上是很危险的。也可以看出,智能体系统的构建离不开对人类推理和一般智能行为的深刻理解,因此神经科学对人工智能非常重要。

1.1.2　人工智能的研究领域

人工智能的知识领域广泛而多样,各个领域的方法和思想又彼此借鉴。随着科学技术和配套体系的发展成熟,人工智能的市场知名度也在不断地增长。从技术应用的角度出发,人工智能的研究领域包括:机器学习、自然语言理解、专家系统、智能规划、模式识别、机器人、自动定理证明、自动编程、分布式人工智能、游戏、计算机视觉、软计算、智能控制等。这里简要介绍前5个技术应用研究领域。

1. 机器学习

机器学习是人工智能的核心研究领域,涉及概率论、统计学、凸分析等多个研究方向。它是计算机具有智能的根本途径。学习是人类所拥有的重要智能行为。西蒙认为:"如果一个系统可以通过执行某种过程改进它的性能,那就是学习。"

机器学习研究的主要目标是使机器本身获取知识,使机器能够总结经验,纠正错误,探索规律,提高性能,并具有较强的环境适应性。学习过程和推理过程是紧密相关的,学习中使用推理越多,系统能力就越强。根据学习所采取的策略,机器学习大致可分为4种类型:机械学习、教授学习、类比学习和实例学习。

目前,机器学习已经得到广泛的应用,如数据挖掘、计算机视觉、自然语言处理、生物特征识别、搜索引擎、医疗诊断、信用卡欺诈检测、证券市场分析、DNA序列测序、语音和手写识别、战略游戏和应用程序的机器人等。

2. 自然语言理解

自然语言理解是人工智能的核心议题,俗称人机对话,也是人工智能的一个分支,其目的是研究实现人与计算机之间有效沟通的各种理论和方法。

自然语言理解是一个新的前沿领域,它基于语言学,并涉及心理学、逻辑学、声学、数学和计算机科学。自然语言理解的研究综合运用现代语音学、音韵学、语法、语义和语用学的知识,同时,它也提出了一系列的问题和要求。以现代语言学为例,这门学科所要解决的核心问题是:如何组织语言和传递信息?人们怎样从一系列语言符号中提取有价值的信息?

在如今新技术革命的浪潮中,自然语言理解占有非常重要的地位。研制中的第5代计算机的主要目标是让计算机能够理解和使用自然语言。从目前的理论和技术的情况来看,它主要适用于机器翻译、自动文摘、全文检索等领域,而通用的高品质的自然语言处理系统仍然是一个长期的目标。

3. 专家系统

专家系统是人工智能最重要和最活跃的应用领域之一,已在从理论研究到实际应用、从一般推理策略讨论向专业知识运用方面取得了重大突破。它是早期人工智能的一个重要分支,也被看作是一类具有专门知识和经验的计算机智能系统。

专家系统通常由六个部分组成:人机交互界面、知识库、推理机、解释、综合数据库和知识获取。其中知识库和推理机相互分离,并拥有自己的特色。专家系统的体系结构随专家系统的类型、功能和规模的不同而有所差异。

近年来,专家系统技术已经逐渐成熟,已广泛应用于工程、医学、军事、商业等领域,而且成果相当丰硕。甚至在一些应用领域,它超越了人类专家的智慧和判断力。专家系统可以解决的问题包括解释、预测、诊断、设计、规划、监督、除错、维修、行程指导、教学、控制、分析、维护、架构设计、校准等。从体系结构上可分为集中式专家系统、分布式专家系统、协同专家系统、神经网络专家系统等;从方法上可分为基于规则的专家系统、基于模型的专家系统、基于框架的专家系统等。

4. 智能规划

智能规划是人工智能的一个重要研究领域,起源于20世纪60年代。智能规划的主要思路是:了解和分析周围环境,根据预定的目标对若干可供选择的工作及所提供的资源限制和相关约束进行推理,并制定一个全面的计划来实现这些目标。这类系统可简单描述为:给定问题的状态描述,对状态描述进行转换得到一组操作、初始状态和目标状态。

智能规划的研究目的是建立一种有效的、实际的智能规划系统,如路径和运动规划、导航规划、通信规划等。典型的应用包括"深空1号"中的远程智能体在线规划软件系统、火星探测器"漫游者"的地面规划软件系统、NASA开发的EUROPA规划系统等。

近年来,智能规划在描述问题和解决问题的研究上都取得了新的突破,使其成为人工智能领域的一个研究热点。由于智能规划的研究对象和方法的转变,其应用领域得到了极大的扩展,相关的理论和应用研究在近几年取得了长足的进步。

5. 模式识别

模式识别是信息科学和人工智能的重要组成部分。它是指处理和分析用来表征事物或现象的各种形式(数值、文字和逻辑)的信息,对事物或现象进行识别和分类。

模式识别呈现多样性和多元化的趋势,可以以不同的概念粒度来进行,其中生物特征识别已经成为模式识别的新热点,包括语音识别、文字识别、图像识别、字符场景识别和手语识别。人们可以通过识别语言、音乐和方言来检索相关语音信息,通过识别人种、性别和表情来获取所需的人脸图像,通过识别指纹(掌纹)、人脸、签名、虹膜和手势来识别身份。

21世纪是智能化、信息化、计算化、网络化的世纪,模式识别技术作为人工智能技术的基础分支,必将获得巨大的发展空间。世界各大权威研究机构和企业已经开始将模式识别技术作为他们的战略研究和开发的重点。

1.1.3　人工智能的发展现状

最早的机器智能可分为"人工智能"（Artificial Intelligence，AI）和"增强型智能"（Enhanced Intelligence，EI）。后来，这两个概念被统一起来，称为人工智能。如今，人工智能分为三类，即弱人工智能、强人工智能和超人工智能。

弱人工智能是指仅擅长某个应用领域的人工智能，超出特定领域则无有效解决的能力；

强人工智能是指达到人类水平的人工智能，在各方面可与人类相提并论，且无法简单地对人类与机器进行区分；

超人工智能是指人工智能在创新、创意、创作领域超越人类，并能解决人类解决不了的问题。

从人工智能的应用场景来看，目前的人工智能仍是以具体应用领域为主的弱人工智能，其内容和相关领域包括机器视觉、专家系统、智能工厂、智能控制、智能搜索、机器人、自动规划、无人驾驶、定理证明、棋类博弈、遗传编程、语言识别、自然语言处理等。1997年，击败了国际象棋世界冠军的IBM公司超级计算机"深蓝"也是弱人工智能，尽管这一事件被一些人称为"人工智能历史上的里程碑事件"。

强人工智能的观点认为，有可能制造出真正能推理和解决问题的智能机器，并且，这样的机器将是有知觉的、有自我意识的。强人工智能可以分为两类：一类是类人的人工智能，就是机器的思想和推理就像人的思维一样；另一类是非类人的人工智能，也就是机器产生完全不同的感觉和意识，使用与人完全不同的推理方法。

弱人工智能的观点则认为不可能创造出这样的智能机器。这些机器只是看起来智能，但没有智慧，不会有自主意识。至于未来是否可以创造一个真正的强人工智能，只要在"意识"和"精神"上没有突破，无论是类人还是非类人的"智慧"，"人工智能"都可能只是一个美丽的、拟人化的比喻。

1.2　人工智能简史

1.2.1　人工智能的诞生（1943—1956年）

在20世纪四五十年代，一群来自不同领域（数学、心理学、工程学、经济学和政治学）的科学家开始探索如何实现用生命体外的东西模拟人类的智慧。

1943年，麦卡洛克-皮特斯提出MP模型，即最早的、基于阈值逻辑的神经网络模型，用神经网络模拟人类大脑的神经元。这是感知机的原型，开创了人工神经网络研究的时代。1946年，世界上第一台通用电子数字计算机诞生（图1.2左），奠定了人工智能的硬件基础。

1. 图灵与人工智能

1937年，25岁的阿兰·图灵（图1.3）在权威杂志上发表了一篇论文，描述了一台可以辅助数学研究的机器，后人称为"图灵机"，这奠定了电子计算机和人工智能的理论基础。无巧不成书，1936—1938年，图灵在普林斯顿大学攻读博士学位，他的办公室对面就是爱因斯坦和冯·诺依曼两位教授的办公室。冯·诺依曼大为赞赏图灵的研究，并邀请图灵作他的助手。

图1.2 第一台通用电子数字计算机 ENIAC(左)与马文·明斯基(右)

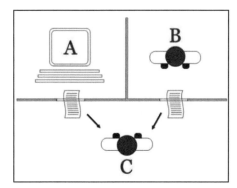

图1.3 阿兰·图灵(左)与图灵测试(右)

判断机器是否具有智能必须通过下面的测试。测试员 Alice 坐在一个有两个计算机终端的房间内,一个终端连接到一台机器,而另一个连接到人。Alice 向两个终端输入问题,五分钟后,由她来判断哪个终端连接的是机器,如果这台机器至少有 30% 的回答可以欺骗 Alice,则它可以通过测试。这就是计算机史上最著名的测试——图灵测试,这是判断机器是否具有智能的依据。

1950 年,图灵提出了关于机器思维的问题,他的论文《计算机和智能》引起了广泛的关注。1950 年 10 月,图灵发表了划时代的论文《机器能思考吗》,这使得图灵获得"人工智能之父"的称号。1966 年,为纪念图灵的贡献,美国计算机协会设立了图灵奖,日后发展成为计算机科学领域的"诺贝尔奖"。

1951 年,马文·明斯基(图 1.2(右))和迪恩·埃德蒙兹建造了第一个神经网络机器 SNARC。1954 年,乔治·戴沃尔设计了世界上第一个可编程的机器人。1955 年,纽厄尔和西蒙在 J.C.肖的协助下开发了"逻辑理论机"(Logic Theory Machine,LTM),这个程序能够证明《数学原理》中前 52 个定理中的 38 个,其中某些证明比原著更加新颖和巧妙。这一程序后来被约翰·塞尔称为"强人工智能",即机器可以像人一样具有思想。

2. 达特茅斯会议

1956 年的达特茅斯会议(图 1.4)是由麦卡锡、明斯基、罗彻斯特和香农等一批有远见卓识的青年科学家共同发起的,会上研究和讨论了用机器来模拟智能的一系列相关问题,并首次提出了"人工智能"这一术语,该术语标志着"人工智能"新学科的正式诞生。此外会议给出了"人工智能"的第一个准确的描述。

图 1.4　达特茅斯学院(左)与达特茅斯会议参与者(右,2006 年,达特茅斯会议 50 年后
当事人重聚,左起:摩尔、麦卡锡、明斯基、塞弗里奇、所罗门诺夫)

1.2.2　人工智能的起步期(1956—1974 年)

达特茅斯会议之后出现了 AI 发展的第一次高潮,主要包括计算机可以用于解决代数
应用题、证明几何定理、学习和使用英语。其中最具有代表性的就是西蒙和纽厄尔(图 1.5)
推崇的自动定理证明方法,在当时的计算条件下,将人类知识表示为符号进行推理演算,是
最可行的方法。

 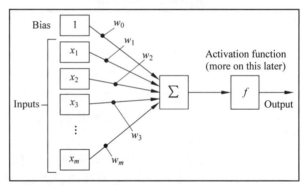

图 1.5　西蒙和纽厄尔(左)与第一款人工神经网络感知机模型(右)

1957 年,罗森布拉特基于神经感知科学背景,设计出了第一个计算机神经网络——感
知机(the Perceptron),它模拟了人脑的工作方式,证明了《数学原理》命题验算部分的
220 个命题。1960 年,美国华裔数理逻辑学家王浩(Wang Hao)提出了用命题逻辑的机器
进行定理证明的新算法,利用计算机证明了集合论中的 300 多条定理。该算法能够独立证
明《数学原理》第 2 章中的全部 58 题。1965 年,罗滨逊(J. A. Robinson)提出了一阶谓词逻
辑的"消解原理"(Resolution Principle),简化了判定步骤,推动了基于谓词逻辑的机器定理
证明的进展。1967 年,最近邻算法出现,使得计算机可以进行简单的模式识别。当时,研究
者们在私下的交流和公开发表的论文中表现出相当乐观的情绪,认为具有完全智能的机器
将在二十年内出现。有学者信心满满地宣称:不出十年,AI 将成为国际象棋世界冠军,证
明所有定理,谱写优美音乐,并预测到 2000 年,AI 将超越人类。ARPA(美国高级研究计划
局)等政府机构向这一新兴领域投入了大笔资金。

1.2.3 人工智能的第一个低谷(1974—1980 年)

进入 20 世纪 70 年代,AI 开始受到批评,随之而来的是资金上的困难,同时,马文·明斯基对感知机进行了抨击,此后神经网络的研究进入了"寒冬",直到 1980 年才再次复苏。

20 世纪 70 年代末,虽然这个时期温斯顿的结构学习系统和海斯·罗思等基于逻辑归纳的学习系统取得较大的进展,但它们都只能学习单一概念,而且未能投入实际应用。另外,由于计算机性能的瓶颈、计算复杂性指数级增长、数据量缺失等问题,机器学习的发展停滞不前(图 1.6)。

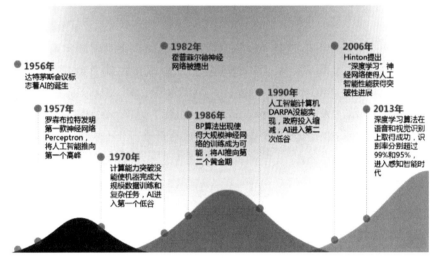

图 1.6 人工智能发展史上的两次低谷期

人工智能研究者们对项目难度评估不足,导致了承诺无法兑现,人们当初的乐观期望遭到严重打击,向 AI 提供资助的机构(如英国政府和 NRC)对无方向的 AI 研究逐渐停止了资助,其中 NRC(美国国家科学委员会)在拨款两千万美元后停止了资助。

1.2.4 人工智能的应用发展期(1980—1989 年)

20 世纪 80 年代,机器学习取代逻辑计算,"知识处理"成为主流 AI 研究的焦点。知识工程、专家系统、语义网同步兴起,其中专家系统的研究和应用最为突出,它主要模拟人类专家的知识和经验来解决特定领域的问题,实现了人工智能从理论研究走向实际应用、从一般推理策略探讨转向运用专门知识的重大突破。例如,美国卡内基·梅隆大学为数字设备公司设计了一个名为 XCON 的专家系统;美国斯坦福大学的肖特利夫等人开发的医疗专家系统 MYCIN 具有类似于内科医生的知识和经验,可用于血液感染病的诊断、治疗和咨询服务。专家系统在医疗、化学、地质等领域取得成功,推动人工智能走入应用发展的新高潮。

1981 年,日本经济产业省拨款 8.5 亿美元支持第五代计算机项目,其目标是造出能与人对话、翻译语言、解释图像,并且像人一样推理的机器。受日本刺激,其他国家纷纷做出响应。英国启动了耗资 3.5 亿英镑的 Alvey 工程。美国一个企业协会组织了 MCC,向 AI 和信息技术的大规模项目提供资助。美国国防高级研究计划局(DARPA)也行动起来,组织了战略计算促进会,该协会1988年向AI领域的投资是1984年的三倍。人工智能又迎来了大发展。1982年,物理学家约翰·霍普菲尔德证明,一种新型的人工神经网络(Hopfield网络)能够用一种全新的方式学习和处理信息。1986年,以鲁梅哈特和麦克莱兰为首的心理学家提出基于误差反向传播算法的BP人工神经网络,解决了多层神经网络隐含层连接权的学习问题,并在数学上给出了完整推导过程,该网络被认为是一种真正能够使用的人工神经网络模型。这些发现使自1970年以来一直遭人嫌弃的连接主义重获新生,掀起了人们研究人工神经元网络的热潮。

1.2.5　人工智能的第二个低谷(1989—1993年)

从20世纪80年代末到20世纪90年代初,AI遭遇了一系列财政问题。1987年,AI硬件的市场需求突然下跌。Apple和IBM公司生产的台式机性能不断提升,其性能已超越Symbolics和其他厂家生产的昂贵的Lisp机。XCON等最初大获成功的专家系统维护费用居高不下,难以升级,失去了存在的理由,一夜之间这个价值5亿美元的产业土崩瓦解。

另外,随着人工智能的应用规模不断扩大,专家系统存在的应用领域狭窄、缺乏常识性知识、知识获取困难、推理方法单一、缺乏分布式功能、难以与现有数据库兼容等问题逐渐暴露出来,人工智能又一次陷入低谷。

1.2.6　人工智能的稳步发展期(1993—2006年)

这一期间人工智能的主流是机器学习,统计学习理论的发展使得机器学习进入稳步发展的时期。另外,网络技术特别是互联网技术的发展,加速了人工智能的创新研究,促使人工智能技术进一步走向实用化。

1963年,瓦普尼克(Vapnik)在解决模式识别问题时提出了支持向量方法(起决定性作用的样本为支持向量)。1971年,基梅尔道夫提出了基于支持向量构建核空间的方法。1995年,瓦普尼克等人正式提出统计学习理论。1997年,IBM公司的超级计算机"深蓝"(图1.7)战胜了国际象棋世界冠军卡斯帕罗夫。"深蓝"收集了上百位国际象棋大师的对弈棋谱并进行学习,"深蓝"团队实际上把一个机器智能问题变成了一个大数据和大量计算的问题。

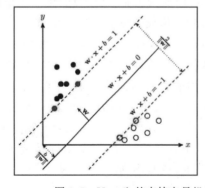

图1.7　Vapnik的支持向量机(左)与"深蓝"战胜了国际象棋世界冠军(右)

1.2.7　人工智能的蓬勃发展期(2006年至今)

2006年,杰弗里·辛顿教授和他的学生在《科学》杂志上发表了文章,就此开启了深度学习发展的时代。在深度学习提出后,卷积神经网络的表征学习能力得到了关注,并随着数值计算设备的更新得到发展。自2012年的AlexNet开始,得到GPU计算集群支持的复杂卷积神经网络多次成为ImageNet大规模视觉识别竞赛的优胜算法,包括2013年的ZFNet、2014年的VGGNet、GoogLeNet和2015年的ResNet(图1.8)。

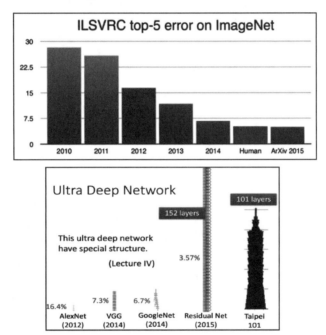

图1.8　图像识别算法比较(上)与深度神经网络(下)

2009年,随着深度学习技术特别是DNN的兴起,语音识别框架由GMM-HMM变为DNN-HMM,语音识别进入了DNN时代,语音识别精准率得到显著提升,进而让语音识别技术走出了近十年的停滞状态;2011年,IBM公司的"沃森"系统在问答节目《危险》中最终战胜了人类,计算智能在这时达到了历史顶峰。2015年以后,由于"端到端"技术兴起,语音识别进入了百花齐放时代,研究人员都在训练更深、更复杂的网络,同时利用"端到端"技术进一步大幅提升了语音识别的性能,直到2017年微软公司在Switchboard语音数据集上取得词错误率5.1%的成绩,从而让语音识别的准确性首次超越了人类。2018年,百度公司在此基础上取得突破,使得语音识别的准确率接近98%,并支持多种方言输入。

2012年,辛顿教授利用深度人工神经网络,在图像分类竞赛ImageNet上,以绝对优势战胜巨头谷歌公司,引起轩然大波。自此,沉寂几十年的人工神经网络方法再次出现在人们的视野中,并迅速掀起了认知智能浪潮,连接主义再度兴起(图1.9)。

2016年,谷歌公司的AlphaGo战胜了人类棋手李世石(图1.10)。AlphaGo首次应用了强化学习,使得机器可以和自己对弈学习。强化学习于20世纪80年代就已出现,但一直不受重视,是AlphaGo使得它"星光闪耀"。通过不断的训练和算法的改进,AlphaGo

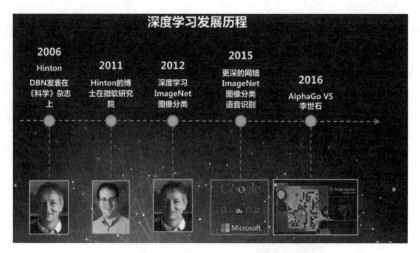

图 1.9　人工智能之深度学习发展历程

Master 版本战胜了多名世界顶尖的围棋选手,而升级版的 AlphaGo Zero 经过 40 天的自我训练,打败了 AlphaGo Master。人工智能在围棋项目中屡次战胜人类顶尖棋手,正式宣告第三次人工智能浪潮的来临。

图 1.10　AlphaGo 战胜李世石(左)与柯洁(右)

2017 年 5 月 27 日,AlphaGo 2.0 版本以 3:0 的比分战胜世界排名第一的中国围棋九段棋手柯洁,从此在 AlphaGo 面前已无人类对手。2017 年 10 月,在沙特阿拉伯首都利雅得举行的"未来投资倡议"大会上,机器人索菲亚被授予沙特公民身份,她也因此成为全球首个获得公民身份的机器人。

随着大数据、云计算、互联网、物联网等信息技术的发展,泛在感知数据和图形处理器等计算平台推动以深度神经网络为代表的人工智能技术飞速发展,大幅跨越了科学与应用之间的"技术鸿沟",诸如人脸识别、语音识别、知识问答、人机对弈、无人驾驶等人工智能应用领域实现了从"不能用、不好用"到"可以用"的技术突破,迎来爆发式增长的新高潮。

1.3　人工智能的流派

现在人工智能非常火热,谈深度学习的比较多,谈其他比较少。我们有必要系统地了解人工智能的历史和它的流派。人工智能发展到现在为止有几十年的历史,存在三大流派:符号主义流派、联结主义流派、行为主义流派。

1.3.1 符号主义流派

第一个流派通常叫作符号主义,又称为逻辑主义、心理学派或计算机学派,奠基人是西蒙。核心是符号推理与机器推理,用符号表达的方式来研究智能、研究推理。

人工智能中,符号主义的一个代表就是机器定理证明,我国著名数学家吴文俊先生创立的吴文俊方法是其巅峰成果之一。对于机器定理证明过程中推导出的大量符号公式,人类无法理解其内在的几何含义,无法建立几何直觉,而几何直觉和审美实际上是指导数学家在几何天地中开疆拓土的最主要的原则。由于机器无法抽象出几何直觉,也无法建立审美观念,虽然机器定理证明经常对于已知的定理给出令人匪夷所思的新颖证明方法(例如人类借助计算机完成了地图四色定理的证明),但是迄今为止,机器并没有自行发现深刻的未知数学定理。

即便如此,人工智能在某些方面的表现已超越人类。例如,基于符号主义的人工智能专家系统——IBM公司的"沃森",在电视知识竞赛Jeopardy中表现出色,击败人类对手,赢得了冠军。目前,IBM公司进一步发展出"沃森"认知计算平台,结合深度卷积神经网络后获得了更强的数据分析与挖掘能力,在某些细分疾病领域已能达到顶级医生的医疗诊断水平。

1.3.2 联结主义流派

第二个流派是联结主义,又称为仿生学派或生理学派,奠基人是明斯基。其核心是神经元网络与深度学习,仿造人的神经系统,把人神经系统的模型用计算的方式呈现,用它来仿造智能。人工智能目前的热潮实际上是联结主义的胜利。

人工智能中的联结主义的基本思想是模拟人类大脑的神经元网络。1959年,胡贝尔和维塞尔在麻醉的猫的视觉中枢上插入了微电极,然后在猫的眼前投影各种简单模式,同时观察猫的视觉神经元的反应。他们发现,猫的视觉中枢中有些神经元对于某种方向的直线敏感,另外一些神经元对于另外一种方向的直线敏感;某些初等的神经元对于简单模式敏感,而另外一些高级的神经元对于复杂模式敏感,并且其敏感度和复杂模式的位置与定向无关。这证明了视觉中枢系统具有由简单模式构成复杂模式的功能,也启发计算机科学家发明了人工神经网络。大卫·胡贝尔和托斯滕·维塞尔共同获得了1981年的诺贝尔生理学或医学奖。

计算机科学家将人工神经网络设计成多级结构,低级的输出作为高级的输入。最近,深度学习技术的发展使得人们能够模拟视觉中枢的层级结构,考察每一级神经网络形成的概念。

1.3.3 行为主义流派

第三个流派是行为主义,又称为进化主义或控制论学派,奠基人是维纳,其原理为推崇控制、自适应与进化计算。这个流派在最早期大家对它的期望值比较高,但是这些年来没有进一步兴起,今后可能会有一个浪潮。行为主义和我们今后要建设的车联网关系非常密切。

现在,在人工智能领域中热度最高的是深度学习、深度神经网络,属于联结主义;符号主义的代表性成果是 20 世纪的专家系统;行为主义的贡献多在机器人控制系统方面。

1.3.4　代表人物

符号主义派的代表人物是马文·明斯基,麻省理工学院人工智能实验室创始人之一。他奠定了人工神经网络的研究基础,早在 1951 年,他就设计、构建了第一个能自我学习的人工神经网络机器。

联结主义派的代表人物是约翰·霍普菲尔德,美国科学家。他在物理学和计算机学方面均有很高的成就,1982 年发明了联想神经网络,也就是知名的霍普菲尔德(Hopfield)网络。

除了这两位名人外,符号主义流派的"大牛"还有西蒙、艾伦·纽厄尔。如今联结主义"当道",这一派的"大佬"更为我们所熟知,如亚·莱卡、李飞飞、杰弗里·辛顿等。

1.4　人工智能的应用与挑战

人工智能是一门交叉学科,它集成了计算机科学、生理学和哲学,机器被用来代替人类的认识、认知、识别、分析和决策等能力。作为一项基础性技术,人工智能被广泛应用于许多行业。

1.4.1　中国人工智能的国家战略

近年来,中国人工智能的发展已上升到国家战略。2014 年 6 月 9 日,习近平主席在中国科学院第十七次院士大会暨中国工程院第十二次院士大会的开幕式上发表重要讲话时强调:"由于大数据、云计算、移动互联网等新一代信息技术同机器人技术相互融合步伐加快,3D 打印、人工智能迅猛发展,制造机器人的软硬件技术日趋成熟,成本不断降低,性能不断提升,军用无人机、自动驾驶汽车、家政服务机器人已经成为现实,有的人工智能机器人已具有相当程度的自主思维和学习能力。我们要审时度势、全盘考虑,抓紧谋划,扎实推进。"这是党和国家最高领导人首次对人工智能和相关智能技术发表高度评价,是对开展人工智能和智能机器人技术研发的庄严号召和大力推动。

"互联网先知"凯文·凯利提出,人工智能将在未来的 20 年成为最重要的技术;著名的未来学家雷·库兹韦尔预测,到 2030 年,人类将成为混合动力的机器人,进入发展的新阶段。

2018 年 12 月 17 日,五道集团发布《AI 研究报告——人工智能领域的未来和挑战》,分析和预测了未来的人工智能领域的行业生态和应用。国内外在人工智能领域的全球化布局一次次地证明,人工智能将成为未来十年内的产业新风口,正如 200 年前电力彻底颠覆人类世界一样,人工智能也必将掀起一场新的产业革命。

1.4.2 人工智能行业的未来格局

1. 巨头掌握基础层资源,成为生态构建者

人工智能的基础平台需要三大要素:超算能力、顶尖的深度学习算法人才、海量的数据资源。每一样都有极高的门槛,这决定了基础层只能是少数巨头把控的领域。科技巨头长期投资基础设施和技术,同时以场景应用作为流量入口,积累应用,成为主导的应用平台,进而将成为人工智能生态的构建者,如谷歌、Amazon、Facebook、阿里云等公司。在某个行业应用场景数据资源相同的情况下,基础层的企业因为能够对最基本的神经网络模型算法做出相应的适配和改进,往往体现出其他企业难以超越的优势。

2. 人工智能正成为基础设施,AIaaS 降低企业智能化实施门槛

国内外科技巨头(谷歌、微软、百度、阿里等)及人工智能初创企业(Face++等)、上市公司(汉王科技等)纷纷推出 AIaaS(人工智能即服务),把成熟的人工智能技术作为基础设施或工具型产品提供给其他企业,以"按需付费"的形式衍生出了一种新的盈利模式。

3. 场景应用优先爆发于数据化程度高的行业

未来的 3~5 年,人工智能将以完成具体任务的服务智能为主要趋势,数据化程度高的行业将率先启动。在服务智能场景下,在数据可得性高的行业中,人工智能将率先用于解决行业痛点,大量场景应用将随之爆发。安防、医疗、金融、教育、零售等行业数据电子化程度较高,数据较集中且数据质量较高,因此这些行业将会率先涌现大量的人工智能场景应用。

安防是中国人工智能最先产业化的行业。近些年由于国家"平安城市"建设的推进,安防领域的政府投资力度较大,全国过半数的摄像头已完成高清摄像头部署,警务电子化与信息化已逐步完成,为人工智能技术的部署提供了基础条件。并且随着安防数据爆炸式的增长,智能化安防已经是安防领域新的诉求。从技术上讲,安防领域主要运用的人工智能技术是以图像识别为基础的人脸识别、车辆识别、人群与行为识别等技术以及以语义理解为基础的警务数据分析与理解技术。

4. 中国芯片行业有望弯道超车

深度学习对计算能力要求非常高,以至于有人称之为"暴力计算"。传统的 CPU 在目前的人工智能计算中使用较为普遍,但由于内部结构原因,在性能和效率上并不是最优选择,GPU 在浮点运算、并行计算等方面性能优于 CPU,FPGA 综合性价比较高,人工智能 ASIC 专用芯片的效率最高,未来应用前景广阔。在 PC 时代,CPU 市场被国际巨头垄断,目前中国人工智能产业生态全球领先,在人工智能芯片领域发展潜力很大,如深鉴科技、寒武纪科技等公司开发的芯片产品都处于国际领先地位。

1.4.3 迎接人工智能 2.0 的挑战和机遇

在 1956 年的美国达特茅斯会议上,包括麦卡锡、明斯基等在内的 4 位图灵奖获得者与多名学者共同确立了"人工智能"的概念,就是希望机器能像人那样认知、思考和学习,即用计算机模拟人的智能。此后,出现了基于人工智能的应用。

自 20 世纪 70 年代以来,人工智能涌现出的应用包括机器定理证明、机器翻译、专家系统、博弈、模式识别、学习、机器人和智能控制,这些都是在模仿人的智能。在这一过程中形成了很多学派,如今最著名的就是"连接学派"中的"深度融合网络"。

中国工程院对人工智能尤其对它的应用领域进行研究以后,发现人工智能正在经历大变化,这些大变化涵盖很多新的关键理论与技术,比较典型的有大数据智能、群体智能、跨媒体智能、人机混合增强智能、自主智能系统。

大数据智能即现在的大数据支持下的人工智能;互联网将人与计算机、人与人连接在一起,形成群体智能;跨媒体处理的认知方式越来越引起人工智能界的重视,这种"多媒体＋传感器"产生的跨媒体感知计算可称为跨媒体智能;把机器跟人结合在一起,形成更强大的智能系统,称为人机混合增强智能;从机器人的概念解放出来,各种各样的智能系统逐渐发展成自主的智能系统。

另外,人工智能的应用也出现了许多变化,如智能制造、智能城市、智慧医疗等。

这些变化是如何产生的? 我们需要研究它的根源。在此基础上,中国工程院将其作为一个重大课题进行研究。该课题所提出的观点为国家所接受,这促成了 2017 年 7 月 20 日我国发布的《新一代人工智能发展规划》。

1. 人工智能正在换代的动因

为什么说人工智能正在换代? 我们认为,当今世界正在发生巨大变化,正从原来由物理空间和人类社会空间组成的二元空间(Physical and Humansociety space,PH 空间)进入多了一个信息空间的三元空间(Physical,Humansociety and Cyber space,CPH 空间)。

三元空间是如何壮大的? 50 年前世界还只是二元空间,所有信息的流转、传播均来自于人类。就算后来有了互联网、移动通信、搜索工具,仍旧是二元空间,因为信息源仍然是人。然而今天,许多信息直接来源于物理世界——数以万计的卫星一刻不停地向地面传达信息,数以亿计的摄像头通过屏幕传达信息,大量的传感器形成传感器网,成为新的信息源。

在二元空间,人类通过自然科学和工程技术认识和改造世界;而在多了一个信息空间的三元空间,人类可以通过人机交互、大数据、自主装备的自动化间接地改造物理世界,而且这种能力越来越强大。

随着空间的变化,不仅出现了大数据,还出现了新的通道,这些新的通道会带来新的计算、新的社会能力。这不仅会给计算机学科、智能学科提供研究的新途径和新方法,还会形成很多新的学科。举例来说,城市规划师很难一次性将一座城市的空间、产业、环境统一规划好,但从空间的层面理解城市,通过大数据的渠道,今后一定可以更清晰地了解城市如何良性运转。

同样,复杂的环境生态系统、仍有许多未知的医疗和健康系统等,都是"科学问题＋工程问题＋社会问题"的复杂系统,靠传统的认知、观测很难了解它们,需要将传统的方式与新的认知方式结合在一起,才能对它们进行新的改造,这就是人工智能迈向新一轮发展的基本动因。

以动因而论,信息环境发生巨变,人工智能怎能不变? 在新的信息环境下的人工智能一定是新的人工智能。以需求而论,人类的需求也在发生巨变,人们需要用数据方法研究智能城市,去发展智能医疗、智能交通、智能游戏、无人驾驶、智能制造,需要人工智能从模拟人到模拟系统。以目标而论,从过去追求计算机模拟人的智能到追求人机融合,追求"互联网-

人-机"更加融合的群体智能,这就是提出人工智能2.0的由来。相信随着信息技术的扩展,一定还会有新的人工智能技术出现。

需要强调的是,人工智能从1.0走向2.0,实际是人类的生存空间从PH空间到CPH空间演变的深化,前方还有许多理论和实践的挑战等待着我们。

2. 人工智能2.0时代初露端倪的技术

尽管人工智能2.0只是刚刚开始,但已经出现了很多新的技术特征。

从大数据智能来看,现在深度学习技术很强大,但还不止于此。AlphaGo能够引起举世震动,不仅因为其机器学习能力,还在于其运用了"自我博弈进化"等新技术、新理念。可见,大数据智能除了深度学习以外还会产生很多新技术。

一些新的应用也很有启发。一个很好的例子是,谷歌公司的DeepMind团队已能为谷歌"挣钱"——DeepMind用它的软件控制着谷歌数据中心的风扇、制冷系统等120个变量,将这120个变量进行推理优化,使得谷歌数据中心的用电效率提升了15%,几年内已为谷歌公司节约电费数亿美元。2015年,我国数据中心耗电约1000亿度(据ICT Research统计),相当于整个三峡水电站的全年发电量,这对我们很有启发。

用计算机替代人来进行组织工作也已出现大规模应用。一个人或一组人不易完成的事,群智可以完成。美国普林斯顿大学的一个项目组开发了一款名为EyeWire的游戏软件,目标是通过电子显微镜把人的视网膜与人脑的联系进行涂色显示。然而,这种对神经元的标记并不是几个人能完成的——神经是如此之多而每个科学家只知道其中一小部分。该项目组通过互联网号召全世界的眼神经专家来共同标记,最终有145个国家的16.5万名科学家参与了这个项目,人类也史无前例地知晓了视神经的工作机制,这就是群智的力量。

人机一体化技术导向的混合智能也潜力巨大。可穿戴设备、半自动驾驶、人机协同手术等技术已大面积涌现,这将成为一个新的领域,也会有大量的新产品出现。

同时,跨媒体推理已经兴起。近年来虚拟/增强现实(VR/AR)这种跨媒体技术十分引人注目。谷歌眼镜可以实现"所见即所知",将所见物品的产地、价格等信息即时呈现,微软公司的智能软件可利用照片生成油画、国画,这都表明跨媒体技术发展非常快。有理由相信,在今后20年,跨媒体技术将大大提高机器和人的智能水平。

此外,无人系统迅速发展。过去60多年间,人工智能大力发展机器人,但发展最快的反而是机械手臂、无人机、无人船等。许多城市和企业提出"机器换人",但最核心的目标不是换掉人,而是让机器更智能、更加自主化。因此,自主智能系统仍需要大量研究。

人工智能2.0的发展顺应信息化时代"数字化-网络化-智能化"的发展方向。我国很多省市和企业都纷纷在国家规划的指导下,制定本区域、本单位的新一代AI发展规划,准备大干一场。有理由相信,我国的人工智能技术与产业的快速发展期正在不可阻挡地大踏步到来。

参考文献

[1] 尼克. 人工智能简史[M]. 北京:人民邮电出版社,2017.

[2] 马尔科夫. 人工智能简史(原名《与机器人共舞》)[M]. 郭雪,译. 杭州:浙江人民出版社,2017.

[3] 王骥. 新未来简史:区块链、人工智能、大数据陷阱与数字化生活[M]. 北京:电子工业出版

社,2018.

[4] NILSSON N J. 人工智能[M]. 郑扣根,庄越挺,译. 潘云鹤,校. 北京：机械工业出版社,2000.

[5] Encyclopedia Britannica[M]. London：Encyclopedia Britannica Verlag,1991.

[6] RICH E. Artificial Intelligence[M]. New York City,NY：McGraw-Hill,1983.

[7] CHARNIAK E and MCDERMOTT D. Introduction to Artificial Intelligence[M]. Upper Saddle River,NJ：Addison-Wesley Publishing Company,1984.

[8] PHILIP C. Introduction to Artificial Intelligence[M]. 2nd,Enlarged Edition. New York：Dover Publications,Inc. ,1985.

[9] WOLFGANG E. Introduction to Artificial Intelligence[M]. Berlin：Springer,2011.

[10] ANDRIES P. Computational Intelligence,An Introduction[M]. 2nd Edition. Hoboken,NJ：John Wiley & Sons,Ltd,2007.

[11] 人工智能大健康. 人工智能研究与应用领域[EB/OL]. (2018-08-12)[2020-05-31]. http://mp. ofweek. com/medical/a545673725396.

[12] 五道研究院. AI研究报告⑥——人工智能领域的未来和挑战[Z/OL]. (2018-12-14)[2020-05-31]. https://mp. weixin. qq. com/s/cxa992G8UC3Q7xojHNL-xA.

[13] 潘云鹤.《新一代人工智能发展规划》权威解读 迎接人工智能2.0的挑战和机遇[EB/OL]. (2017-11-02)[2020-05-31]. http://news. sciencenet. cn/sbhtmlnews/2017/11/328977. shtm.

扩展阅读

[1] 马尔科夫. 人工智能简史[M]. 杭州：浙江人民出版社,2017.

[2] 霍金斯,布拉克斯莉. 人工智能的未来[M]. 贺俊杰,李若子,杨倩,译. 西安：陕西科学技术出版社,2006.

[3] 王骥. 新未来简史：区块链、人工智能、大数据陷阱与数字化生活[M]. 北京：电子工业出版社,2018.

[4] 刘继明. 人工智能的现状与未来[EB/OL]. (2019-08-08)[2020-05-31]. https://mp. weixin. qq. com/s/WxL28UOuBTQdEEgLiEL32w.

习题 1

一、单项选择题

1. 人工智能诞生于( )年的达特茅斯会议。

    A. 1954   B. 1955   C. 1956   D. 1957

2. 人工智能的定义核心是( )。

    A. 研究和制造人类的智能

    B. 用机器模拟人类的学习能力和人类智能特征

    C. 让机器为人类服务

    D. 研究和制造出超越人类的机器

3. 人工智能领域中为了检验一台机器是否具有智能,需要进行( )。

    A. 图灵测试   B. 乔布斯测试

    C. 达特茅斯测试   D. 中文屋测试

4. 以下关于人工智能的描述正确的是( )。

    A. 通用人工智能技术已较为成熟

    B. 专用人工智能取得重要突破

C. 超级人工智能时代即将到来

D. 我国人工智能理论研究水平高于其他国家

二、多项选择题

1. 人工智能的三大流派包括(　　)。

　　A. 模仿主义　　　　　B. 行为主义　　　　C. 连接主义　　　D. 符号主义

2. 人工智能的研究方向包括(　　)。

　　A. 研究人类知识的计算机表示

　　B. 研究人类智能学习过程的计算机模拟

　　C. 研究人类大脑结构和功能

　　D. 研究智能学习的机制

3. 人工智能流派中经验主义的早期典型代表人物和成果包括(　　)。

　　A. 明斯基和深度学习　　　　　　　　B. 明斯基和人工神经网络

　　C. 麦卡锡和状态空间搜索法　　　　　D. 麦卡锡和逻辑理论家

三、判断题

1. 人工智能已经成为我国的国家发展战略。(　　)

2. 人工智能对文科、工科和其他学科正产生深远影响。(　　)

3. 人工智能的发展历程是一帆风顺的,没有遇到过困难和寒冬。(　　)

四、简答题

1. 简述人工智能的定义。

2. 简述人工智能的流派。

3. 请结合自己的认识与了解,畅想人工智能的未来。

第2章

机 器 学 习

2.1 引言

人工智能的核心是机器智能,而智能的关键在于学习。为了使机器具有智能,必须使机器具有自主学习能力,因此机器学习应运而生。从早期的 Hebb 学习规则到图灵测试,再发展到人工神经网络和大数据背景下的深度学习,机器学习融合了统计学、神经科学、信息论、计算复杂性理论等学科领域的知识,得到了长足的发展。如今,机器学习已经在人工智能的各个领域普遍应用,如模式识别、机器视觉、智能机器人、专家系统、自动推理、自然语言理解等。

2.1.1 机器学习的定义和基本概念

1. 机器学习的定义

什么是机器学习?首先让我们看两个简单的例子:学写作和学车。在学写作的过程中,我们既需要阅读大量经典范文,也要通过写作进行训练,总结写作技巧,从而提高写作能力,获得高的作文分数。如果想让机器像人一样学习写作,我们可以给机器大量的经典范文,然后,通过某种手段使得机器进行写作训练,机器自动总结写作规律,从而提高写作能力。在学车中也是如此,我们既要学习理论知识,也要开车上路反复训练,总结和积累经验,从而提高驾驶能力和水平。如果让机器像人一样学习开车,既需要学习一些常识性的知识,如红灯停、绿灯行,也需要让机器在模拟路况或实际路况上路训练,总结和积累经验,提高机器的系统驾驶能力和水平。通过上述两个例子,我们可以得到一些共同关键词,即学习资料、训练、经验、系统和性能,由此总结出机器学习的定义:利用学习资料或数据,通过训练得到经验或模型,提高机器或计算机系统的性能或能力。

早期的机器学习定义还有许多种描述,其中几种经典描述如下:利用经验来改善计算机系统自身的性能;学习系统使用样本数据来建立并更新模型,并以可理解的符号形式表达,使更新后的模型处理同源数据的能力得以提升;机器学习是对能通过经验自动改进的计算机算法的研究;机器学习是用数据或以往的经验,优化计算机程序的性能。

这些表述虽然不同,但核心思想是一致的。机器学习与人类学习的对应关系可以抽象为图 2.1。图中,"人类的经验"对应于"机器的历史数据","人类通过经验归纳出的规律"对应于"机器通过历史数据训练出来的模型","人类利用规律解决新问题并预测未来"对应于"机器利用模型预测新数据对应的结果"。通过这样的对应可以发现,机器学习的思想并不复杂,仅仅是对人类在生活中学习、成长过程的一种模拟。

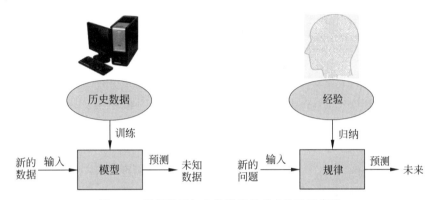

图 2.1　机器学习与人类学习的对应关系示意图

2. 机器学习的基本概念与术语

下面我们利用根据住房面积预测房价的例子介绍机器学习的基本概念、术语和一般过程。如果现在我们需要购买一套 200m^2 的住房,价格大概是多少呢? 为了获得一个能够最大程度地反映面积与房价之间关系或规律的模型,首先需要调查周边房型相似的一些房子,获得一组数据。这组数据中包含了不同面积和价格的房子,如果能从这组数据中找出面积与价格的规律,那么就可以得出一定面积的房子的价格。

为了找到面积与价格之间的规律,我们可以建立一个简单的线性模型,该线性模型可表示为 $y=kx+b$,其中 x 为房子面积,y 为房价,k 和 b 为待训练的参数。首先,利用获得的数据集(即由 x 和 y 成对组成的样本集)训练模型,得到一组最好的 k 和 b,使得所有 x 代入模型所得到的 y 的总误差最小。当得到这组 k 和 b 之后,对于任何面积的房子,代入该模型即可计算出房子的价格。假设 k 和 b 分别为 0.5 和 80,则 100m^2 的房价为 $200\times0.5+80=180$(万)。由于该模型综合考虑了大部分的情况,因此从"统计"意义上来说,这是一个比较合理的预测。

从此例可以看出,模型即为 $y=kx+b$,训练即为优化 k 和 b 参数,预测是将新的房子面积输入训练好的模型,计算出房价。

机器学习中有许多基本概念或专业术语,包括特征、样本、正样本、负样本、样本集、训练集、测试集、训练算法、学习率、性能、识别率、精度等。下面以刚才的房价预测为例,分别说明这些概念。特征是描述房子的参数,多个特征构成特征向量,本例中以房屋面积为特征。样本为观测对象的特征向量和标签,本例中样本为房子面积 x 和房价 y,多个样本构成样本集。在二分类问题中,样本集中的样本根据类别分为正样本和负样本,即我们常说的阳性和阴性,可以用标签+1和-1表示。样本集根据任务可分为训练集和测试集,训练集用于训练模型,测试集用于测试模型的性能。训练算法是用于优化模型参数的一种方法或一套程序。本例中房价预测模型的训练可以利用最小二乘法,也可以利用梯度下降法。学习率是指每一次模型参数被优化的改变系数,如0.01、0.001等。性能是评价模型好坏的指标,包括识别率、精度等。识别率是指分类模型的预测准确率。精度是指拟合模型的预测性能,一般用均方根误差、相对误差等表示,本例中房价预测模型的性能可以采用均方根误差描述其精度。

3. 机器学习与人工智能、深度学习的关系

人工智能(Artificial Intelligence)是计算机学科的一个分支,通过对人的意识、思维进行模拟来探寻智能的实质,并生产出一种新的、能以与人的智能相似的方式做出反应的智能机器。人工智能可以对人的意识、思维进行模拟,它包括推理智能、计算智能、学习智能、行动智能等。

机器学习(Machine Learning)是指用某些算法指导计算机利用已知数据训练出适当的模型,并利用此模型对新的数据给出判断的过程。机器学习的思想并不复杂,它仅仅是对人

类学习过程的一个模拟。机器学习是人工智能的研究分支,重点研究机器的学习智能。

深度学习(Deep Learning)的概念源于人工神经网络的研究。含多个隐藏层的多层感知器就是一种深度学习结构。深度学习是机器学习研究中的一个新领域,其动机在于建立能够模拟人脑进行分析、学习的神经网络,它模仿人脑的机制来解释数据。

目前,机器学习与人工智能、深度学习的关系如图2.2所示。三者具有包含关系,机器学习是人工智能的核心,深度学习是大数据时代下机器学习发展的必然产物。

图2.2 机器学习与人工智能、深度学习之间的关系

2.1.2 机器学习的分类

机器学习是人工智能学科的分支领域和重要研究方向,它包含着丰富的知识体系,因此按照一定的规则对其进行细分显得尤为必要。机器学习的主要分类有两种:基于学习方式的分类和基于学习任务的分类。机器学习根据学习方式的不同可分为:监督学习、无监督学习和强化学习。根据学习任务的不同可分为:分类、回归、聚类和降维。不同的分类方式彼此又存在着联系,分类和回归属于监督学习,而聚类和降维属于无监督学习,如图2.3所示。

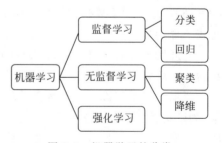

图2.3 机器学习的分类

1. 基于学习方式分类

监督学习(Supervised Learning)是指机器学习的数据是带有标签的,标签可以是离散值(如水果的类别)和连续值(如房价),标签作为期望结果,机器学习算法不断修正自身参数,使自己的预测结果与期望结果尽量一致,从而实现自我学习的过程。

无监督学习(Unsupervised Learning)是指机器学习的数据没有标签,需要机器从数据中探索并推断出潜在的联系。

如表 2.1 所示,通过敲西瓜的案例可以解释监督学习与无监督学习的区别。利用监督学习实现西瓜好坏的判断,首先需要每个瓜的敲瓜声音数据,同时需要一位行家给出各个瓜好坏的标签,你慢慢学习并找到了声音与瓜的好坏之间的规律,以后买瓜便能判断好坏。无监督学习指买瓜时没有行家帮助你,你只能对瓜的声音特征进行分类,以后买瓜时能分辨声音种类。

表 2.1 敲西瓜案例

	监 督 学 习	无监督学习
数据特征	敲瓜声音	敲瓜声音
数据标签	好瓜和坏瓜	无标签
模型本质	找到敲瓜声音(特征)与是否是好瓜(标签)之间的关系	对敲瓜的声音(特征)进行分类并对声音类别打上新标签:浊响、清脆、沉闷
模型功能	通过敲瓜声音预测是好瓜还是坏瓜	通过敲瓜声音判断声音类别

强化学习(Reinforcement Learning)是指智能体以"试错"的方式进行学习,通过与环境进行交互获得的奖赏指导行为,目标是使智能体获得最高的奖赏。

强化学习不同于监督学习,它没有标签,只有一个时间延迟的奖励。强化学习中由环境提供的强化信号是对智能体动作行为好坏的一种评价,而不是一个产生正确动作的指令。我们以下棋为例,由于标签的存在,监督学习下的智能体被告知的是在当前所处位置下下一步棋的正确走法,然而现实生活中我们很难提供这种反馈。强化学习中的智能体需要靠自身学习模型来选择落子,也可能需要学会预测对手的动作。当智能体下了一步好棋时,它需要知道这是一件好事,反之亦然。在下棋这样的环境下,智能体只有在比赛结束时才会收到奖励,而在其他环境中,奖励可能会更频繁。

相信同学们都玩过"超级马里奥"游戏,它的强化学习过程可以建模为如图 2.4 所示的迭代循环。此时的智能体(Agent)便是马里奥,它从环境(Environment)中接收状态(state),包括位置、时间等信息,基于该状态马里奥可以向左或向右移动,也可以跳跃或蹲下,这些动作

图 2.4 强化学习示意图

(Action)都是随机的。假设马里奥不断撞问号砖块、获得了金币,或者撞碎砖块、吃了蘑菇、得到了成长,环境就会输出正强化信号和新的状态给马里奥。如果马里奥碰到怪物、扣掉血量,输出的就是负强化信号。马里奥根据强化信号和当前状态再选择下一个动作,选择的原

则是使其收到正强化信号的概率增大。如此循环,直至通关或失去所有血量。

2. 基于学习任务分类

分类(Classification)是一种对离散型随机变量建模或预测的监督学习算法。如图 2.5 所示,CIFAR-10 数据集就是把 60 000 张图片分为:飞机、汽车、鸟、猫、鹿、狗、蛙、马、船和卡车。我们用其中 50 000 张带有类别标签的图片去训练模型,然后用该模型判别剩下的随机一张图片的类别,这便是典型的十分类问题。常见的分类算法有逻辑回归、分类树、支持向量机、朴素贝叶斯等。

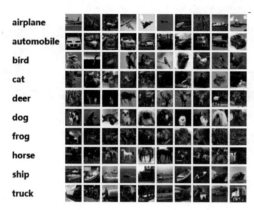

图 2.5 CIFAR-10 数据集

回归(Regression)是一种对数值型连续随机变量进行预测和建模的监督学习算法。回归分析的实质是研究多个变量之间的因果关系,可以表明多个变量对某一变量的影响强度,也可以去比较衡量不同尺度变量之间的相互影响。

回归与分类最大的不同在于它们的输出,分类问题输出的值是离散的、定性的,回归问题输出的值是连续的、定量的。以天气预报为例,天气可分为晴天或雨天两类,我们想要预测下周一的天气,只有晴天或雨天两个选择,这就是分类。若我们想要预测下周一的最高温度,可以通过前几天的温度情况预测出一个温度值,只要这个值在合理范围内即可,这就是回归。常见的回归算法有线性回归、非线性回归、回归树、支持向量机回归和高斯过程回归等。

聚类(Clustering)是一种无监督学习算法,该算法基于数据的内部结构寻找观察样本的自然族群。即聚类尝试在没有训练的条件下,对一些没有标签的数据进行归纳分类。根据相似性对数据进行分组,以便对数据进行概括,希望通过某种算法把这一组位置类别的样本划分成若干类别。聚类的时候,并不关心某一类是什么,实现的只是将相似的东西聚在一起,如图 2.6 所示。常见的聚类算法有 K 均值聚类、层次聚类、基于密度的 DBSCAN 算法等。

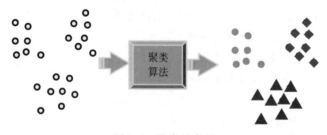

图 2.6 聚类示意图

降维(Dimensionality reduction)是从高维度数据中提取关键信息,将其转换为易于计算的低维度问题进而求解的方法。以识别猫狗为例,我们可能有数量庞大的猫、狗的图片,每只猫的毛色、体型、身高、体重、年龄、性别等特征各不相同,这些特征的个数就是我们所说的维数。维数越多,信息量、数据量越大,占用的磁盘空间和内存越多。实际上我们有时候用不到这么多信息,或者需要剔除冗余和无关数据,所以就需要降维。

降维是试图压缩维度,并尽可能地保留分布信息,我们可以将其视为数据压缩或者特征选择。在原始的高维空间中,包含冗余的信息以及噪声信息,通过降维可以减少冗余信息所造成的误差,提高识别的精度,通过降维算法也能寻找数据内部的本质结构特征。常见的降维算法有主成分分析(PCA)、奇异值分解(SVD)、局部线性嵌入(LLE)等。

2.1.3 机器学习的发展历程

机器学习实际上已经存在了几十年,或者也可以认为它存在了几个世纪。它最早可以追溯到 17 世纪,数学家贝叶斯、拉普拉斯关于最小二乘法的推导和马尔可夫链,这些构成了机器学习广泛使用的工具和基础。从 1950 年阿兰·麦席森·图灵提议建立一个学习机器,到 2000 年初有了深度学习的实际应用,再到近几年的进展(如 2012 年的 AlexNet),机器学习有了很大的发展,同时涌现了大批著名科学家,如图 2.7 所示。

| 唐纳德·赫布 | 阿兰·图灵 | 赫伯特·西蒙 | 阿瑟·塞缪尔 |

| 罗森布拉特 | 马文·明斯基 | 杰弗里·辛顿 | 杨立昆 |

图 2.7 机器学习领域的著名科学家

从 20 世纪 50 年代开始研究机器学习以来,不同时期的研究途径和目标并不相同,可以划分为四个阶段,如图 2.8 所示。

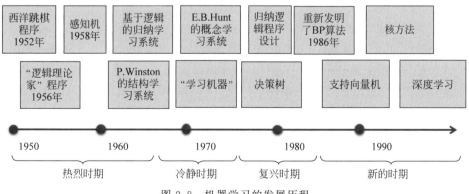

图 2.8 机器学习的发展历程

第一阶段是 20 世纪 50 年代中叶到 60 年代中叶,称为热烈时期。这个时期主要研究"有无知识的学习",这类方法主要是研究系统的执行能力。这个时期主要通过对机器的环境及其相应性能参数的改变来检测系统所反馈的数据,就好比给系统一个程序,通过改变它们的自由空间作用,系统将会受到程序的影响而改变自身的组织,最后这个系统将会选择一个最优的环境生存。在这个时期最具有代表性的研究就是阿瑟·萨缪尔(Arthur Samuel)(图 2.9)在 IBM 公司研制的一个西洋跳棋程序,这是人工智能下棋问题的开端。但这种机器学习的方法还远远不能满足人类的需要。

图 2.9　西洋跳棋 AI 击败人类选手

第二阶段从 20 世纪 60 年代中叶到 70 年代中叶,称为机器学习的冷静时期。这个时期主要研究将各个领域的知识植入到系统,目的是通过机器模拟人类学习的过程,同时还采用了图结构及逻辑结构方面的知识进行系统描述。在这一阶段,主要是用各种符号来表示机器语言,研究人员在进行实验时意识到学习是一个长期的过程,从这种系统环境中无法学到更加深入的知识,因此研究人员将各专家、学者的知识加入到系统里,经过实践证明这种方法取得了一定的成效。在这一阶段具有代表性的工作有 Hayes-Roth 和 Winston 的结构学习系统方法。

第三阶段从 20 世纪 70 年代中叶到 80 年代中叶,称为复兴时期。在此期间,人们从学习单个概念扩展到学习多个概念,探索不同的学习策略和学习方法,在这个阶段人们开始把学习系统与各种应用结合起来,并取得了很大的成功。同时,专家系统在知识获取方面的需求也极大地刺激了机器学习的研究和发展。在出现第一个专家学习系统之后,示例归纳学习系统成为研究的主流,自动知识获取成为机器学习应用的研究目标。1980 年,在美国的卡内基·梅隆大学(CMU)召开了第一届机器学习国际研讨会,标志着机器学习研究已在全世界兴起。此后,机器学习开始得到大量的应用。1984 年,Simon 等 20 多位人工智能专家共同撰文编写的 *Machine Learning* 文集第二卷出版,国际期刊 *Machine Learning* 创刊,更加显示出机器学习突飞猛进的发展趋势。这一阶段代表性的工作有 Mostow 的指导式学习、Lenat 的数学概念发现程序、Langley 的 BACON 程序及其改进程序。

第四阶段是从 20 世纪 80 年代中叶至今,是机器学习发展的最新阶段。这个时期的机器学习具有如下特点:

- 机器学习已成为新的前沿研究方向并在高校作为一门课程。它和应用心理学、生物学、神经生理学以及数学、自动化和计算机科学共同形成机器学习的理论基础;
- 结合各种学习方法进行取长补短的、多种形式的集成学习系统研究正在兴起;
- 机器学习与人工智能各种基础问题的统一性观点正在形成,例如学习与问题求解结合进行、知识表达便于学习的观点产生了通用智能系统 SOAR 的组块学习;
- 各种学习方法的应用范围不断扩大,一部分已转化为商品,如归纳学习的知识获取工具已在诊断分类型专家系统中广泛使用;
- 数据挖掘和知识发现的研究已形成热潮,并在生物医学、金融管理、商业销售等领域得到成功应用,给机器学习注入新的活力;

- 与机器学习有关的学术活动空前活跃,国际上除每年一次的机器学习研讨会外,还有计算机学习理论会议以及遗传算法会议等。

2.2　监督学习

2.2.1　监督学习的定义

监督学习是利用给定的数据和标签学习两者之间的规律的学习范式,此规律可以用计算机处理的数学模型表示。数据与标签分别是数学模型的输入和期望输出。将数据输入到数学模型中,数学模型计算出输出,该输出与期望输出可能存在差异,差异越小说明数学模型越好。监督学习的本质就是通过比较模型的输出和期望输出之间的差异,不断地自动调整模型的参数,使得差异一步步减小。

从映射角度看,监督学习是获得输入空间到输出空间的映射关系的过程。将输入与输出所有可能的取值的集合分别称为输入空间(input space)与输出空间(output space),输入空间有时又称特征空间(feature space)。输入空间 X 的每一个点为一个具体的实例(instance),输入空间的每一维对应于一个特征,如式(2.1)所示。

$$\vec{x}_i = (x_{i1}, x_{i2}, x_{i3}, \dots, x_{iN})^{\mathrm{T}} \tag{2.1}$$

$\vec{x}_{ij}$ 表示第 i 个实例的第 j 个特征。输出空间 Y 的第 i 个实例的第 k 个输出用 $\vec{y}_{ik}$ 表示:

$$\vec{y}_i = (y_{i1}, y_{i2}, y_{i3}, \dots, y_{iM})^{\mathrm{T}} \tag{2.2}$$

$\vec{y}_i$ 可以是离散量或连续量,连续量可以是标量或向量,若为离散量,则为分类问题,否则为回归问题。$\vec{x}_i$ 和 $\vec{y}_i$ 构成一个完整的样本,即输入-输出对 $(\vec{x}_i, \vec{y}_i)$。

许多样本构成样本集 $T = \{(\vec{x}_1, \vec{y}_1), (\vec{x}_2, \vec{y}_2), \dots (\vec{x}_n, \vec{y}_n)\}$。样本集可分为训练集、验证集、测试集。训练集用来训练模型,验证集用来指导模型的训练,防止过拟合现象出现,测试集用于评估最终模型的性能或预测效果。

下面以根据花瓣辨别花朵种类的分类问题为例,说明监督学习解决分类问题的一般过程。已知数据集中给出了 100 朵花的花瓣长度、宽度特征和花的种类标注(即 A 类和 B 类)。花瓣长度和花瓣宽度构成的二维空间即为输入空间,输入空间中有 100 个点,输出空间为二值离散量,为二分类问题。监督学习是建立输入与输出之间的映射关系。在此过程中,首先将100 个样本按一定比例分为训练集(如 60 个样本)、验证集(如 20 个样本)和测试集(如 20 个样本)。首先,利用训练集训练模型,然后用验证集验证模型,根据验证时的误差重新训练模型,并重新验证直到验证集的模型准确率达到预期效果,最后利用测试集测试模型的好坏。

常见的监督学习算法包括:K 近邻算法、决策树、支持向量机、人工神经网络等。

2.2.2　K 近邻算法

1. K 近邻算法基本原理

K 近邻算法于 1968 年由 Cover 和 Hart 提出,是一种简单、高效的回归与分类方法。以分类为例,K 近邻算法的原理是:已知训练数据集,对一个待分类实例进行分类时,计算该样本与训练数据集中所有样本的距离,找到与该待分类实例最邻近的 K 个实例,这 K 个实例的多数属于某个类,就判断该待分类的实例属于这个多数类。这就类似于现实生活中少数服从多数的思想。

K 近邻算法的示意图如图 2.10 所示,图中存在两种不同类别的样本,分别用正方形和三角形表示,图中的圆形(实心圆)表示待分类的样本。各点之间的远近代表待分类样本与已知样本之间的距离。圆圈代表以待测样本为圆心相同距离的范围,对此范围内的样本进行少数服从多数的分类投票,决定圆形样本的类别。

从图 2.10 可以看出,当近邻数 K 值选择为 3 时,圆形样本最邻近的 3 个样本点为两个三角形和 1 个正方形,少数从属于多数,判定圆形样本为三角形类别。

当近邻数 K 值选择为 5,圆形样本最邻近的 5 个样本点为两个三角形和 3 个正方形,还是少数从属于多数,判定圆形样本为正方形类别。

从该例可以看出,近邻数 K 的取值不同可能导致分类结果产生差异,如何选择较好的 K 值呢?

2. 近邻数 K 值的选择

K 值的选择因人而异,可以通过多次尝试选择不同的值,比较分类效果,选择最优的 K 值。但需要注意一个原则:K 值过小会出现过拟合,K 值过大会出现欠拟合。通过图 2.11 所示的例子可以说明该问题。图中有两类样本,一类是圆点,另一类是长方形,现在我们的待分类点是五边形。

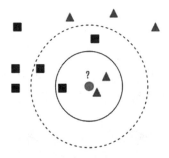

图 2.10　K 近邻算法示意图

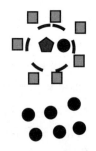

图 2.11　K 值过小

根据 K 近邻算法步骤来决定待分类点应该归为哪一类。如果选择较小的 K 值,就相当于用较小的邻域中的训练实例进行预测,只有与输入实例较近的(相似的)训练实例才会对预测结果起作用。预测结果会对近邻的实例点非常敏感,如果邻近的实例点恰巧是噪声,预测就会出错。换句话说,K 值的减小就意味着整体模型变得复杂,容易发生过拟合。所谓的过拟合就是在训练集上准确率非常高,而在测试集上准确率非常低,K 值太小会导致过拟合,很容易将一些噪声学习到模型中(如图 2.11 中离五边形很近的黑色圆点),而忽略了数据真实的分布。

当 K 值取适当大小时,用适当邻域中的训练实例进行预测,这时与输入实例较远的(不相似)训练实例不会对预测起作用,保证预测正确,同时克服了局部噪声样本的影响,如图 2.12 所示。

K 值是不是越大越好呢?我们考虑一种极端情况,即当 K 等于训练集样本的个数 N

时,如图 2.13 所示,所有待分类样本都将简单地预测成训练集中最多的那一类,从而导致分类性能变差。

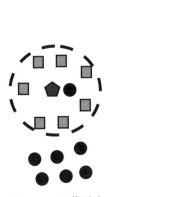 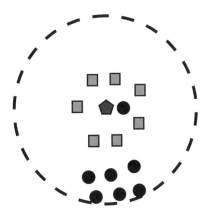

图 2.12　K 值适中　　　　　　　　　　图 2.13　K 值过大

因此,K 值的选择需要针对不同问题进行对比分析和优化,通常采用交叉验证法来选取最优的 K 值。除此之外,还可以采用权重法进行投票,即距离远的样本的投票权重降低,距离近的权重升高。

3. 距离度量方法的选择

另一个影响 K 近邻算法性能的因素是距离的度量方法或者样本间相似性的计算方法,常见的计算公式为欧氏距离、曼哈顿距离、余弦相似度等。欧氏距离在高维空间的表达式为:

$$d_{ij} = \sqrt{\sum_{k=1}^{N}(x_{ik} - x_{jk})} \tag{2.3}$$

曼哈顿距离的表达式为:

$$d_{ij} = \sum_{k=1}^{N}|x_{ik} - x_{jk}| \tag{2.4}$$

余弦相似度的表达式为:

$$d_{ij} = \sum_{k=1}^{N}|x_{ik} - x_{jk}| \tag{2.5}$$

不同距离度量方法适用于不同问题,需要根据具体应用场景确定使用哪一种度量方式。一般地,曼哈顿距离适用于计算棋盘格局相似性、机器人避障路径选择、城市道路长度的计算等问题,余弦相似度适合文本分类等问题。

2.2.3　决策树

1. 决策树的定义

决策树(Decision Trees)是一种常见的机器学习方法,它因以树结构的形式对事件进行决策和分类而得名。决策树的结构一般包含一个根结点、若干个内部结点和若干个叶结点。根结点为样本的第一个判别属性,为一级结点,往下逐级连接内部结点或叶结点,内部结点是样本的其他属性,叶结点为决策值或决策类别。上下相邻两级的结点之间存在分支连线,该分支连线代表上级结点属性的不同取值情况。

图2.14为一个判断西瓜是好瓜或坏瓜的决策树,该决策树根结点和内部结点是西瓜的属性(如光泽、纹理、触感等),叶结点是结论(好瓜或坏瓜)。

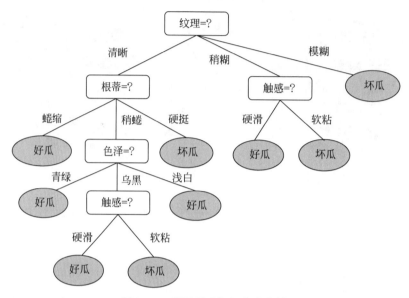

图2.14 判断西瓜好坏的决策树

2. 决策树的生成

如何生成一个图2.14所示的决策树呢？我们可以根据专家经验画出决策树,但是更科学的方法是从数据中学习得到决策树。

假设有这么一批西瓜,已知每个西瓜的色泽、根蒂、敲声、纹理、脐部、触感,并且已知每个西瓜是好瓜还是坏瓜,其特征数据和标签如表2.2所示。

表2.2 西瓜数据集

编号	色泽	根蒂	敲声	纹理	脐部	触感	好瓜
1	青绿	蜷缩	浊响	清晰	凹陷	硬滑	是
2	乌黑	蜷缩	沉闷	清晰	凹陷	硬滑	是
3	乌黑	蜷缩	浊响	清晰	凹陷	硬滑	是
4	青绿	蜷缩	沉闷	清晰	凹陷	硬滑	是
5	浅白	蜷缩	浊响	清晰	凹陷	硬滑	是
6	青绿	稍缩	浊响	清晰	稍凹	软粘	是
7	乌黑	稍缩	浊响	稍糊	稍凹	软粘	是
8	乌黑	稍缩	浊响	清晰	稍凹	硬滑	是
9	乌黑	稍缩	沉闷	稍糊	稍凹	硬滑	否
10	青绿	硬挺	清脆	清晰	平坦	硬滑	否
11	浅白	硬挺	清脆	模糊	平坦	软粘	否
12	浅白	蜷缩	浊响	模糊	平坦	硬滑	否
13	青绿	稍缩	浊响	稍糊	凹陷	软粘	否

续表

编号	色泽	根蒂	敲声	纹理	脐部	触感	好瓜
14	浅白	稍缩	沉闷	稍糊	凹陷	硬滑	否
15	乌黑	稍缩	浊响	清晰	稍凹	软粘	否
16	浅白	蜷缩	浊响	模糊	平坦	硬滑	否
17	青绿	蜷缩	沉闷	稍糊	稍凹	硬滑	否

决策树的生成从根结点的选择开始,即从所有待选西瓜属性中选择最好的属性作为该结点。常识上我们认为属性越好,则通过该属性决策后,下一级分支结点所包含的样本集越可能属于同一个类别,即下级各个结点的"纯度"越高越好。衡量一个集合"纯度"的最常用指标是"信息熵",其计算公式如式 2.6 所示。

$$\text{Entropy}(S) = -\sum_{i=1}^{N} P_i \log_2 P_i \tag{2.6}$$

其中,P_i 表示当前样本集合 S 中第 i 类样本所占的比例,N 为总类别数。熵越小,则纯度越高。

对于表 2.2 中这 17 个西瓜构成的样本集合,类别数 N 为 2,好瓜的比例 P_1 为 8/17,坏瓜的比例 P_2 为 9/17。将这些数据代入式 2.6 中,可得整个集合 S 的熵为:

$$\text{Entropy}(S) = -\sum_{i=1}^{2} P_i \log_2 P_i = -\left(\frac{8}{17}\log_2 \frac{8}{17} + \frac{9}{17}\log_2 \frac{9}{17}\right) = 0.998 \tag{2.7}$$

如果要将该 S 集合按照某个属性进行分类处理,则需要计算出所有属性中每个属性的信息增益。按属性 v 将集合 S 分开的信息增益的计算公式如式 2.8 所示。

$$\text{Gain}(S, v) = \text{Entropy}(S) - \sum_{i=1}^{M} (P'_i \cdot \text{Entropy}(S'_i)) \tag{2.8}$$

其中,M 为该属性的下级分支数,P'_i 为第 i 个分支中的样本数量占该分支前样本总数的比例。S'_i 为第 i 个分支中的样本集合。信息增益越大,说明该属性被优先选择为判断结点的可能性越大。

下面以色泽为例,计算其信息增益。色泽有三种取值:青绿、乌黑和浅白,将其作为色泽结点的三个分支,可以将 17 个西瓜分为三个集合,属于青绿分支下级集合 S'_1 的西瓜编号是 $\{1,4,6,10,13,17\}$,属于乌黑分支下级集合 S'_2 的西瓜编号是 $\{2,3,7,8,9,15\}$,属于浅白分支下级集合 S'_3 的西瓜编号是 $\{5,11,12,14,16\}$。根据公式 (2.6),可以计算出 S'_1 集合的信息熵为:

$$\text{Entropy}(S'_1) = -\left(\frac{3}{6}\log_2 \frac{3}{6} + \frac{3}{6}\log_2 \frac{3}{6}\right) = 1.000 \tag{2.9}$$

其中,3/6 分别代表 3 个好瓜和 3 个坏瓜占集合 S'_1 中总瓜数 6 的比例。以此类推,可以计算出另外两个集合的信息熵分别为 0.918 和 0.722。根据式 (2.8) 可以计算出属性"色泽"的信息增益为:

$$\text{Gain}(S, \text{color}) = 0.998 - \left(\frac{6}{17} \times 1.000 + \frac{6}{17} \times 0.918 + \frac{5}{17} \times 0.722\right)$$
$$= 0.109 \tag{2.10}$$

采用相同的计算方法可以计算出其他属性的信息增益。根蒂:0.143,敲声:0.141,纹理：0.381,脐部：0.289,触感：0.006。由此可见,纹理的信息增益最大,所以将纹理这一属性作为根结点,其样本划分如图 2.15 所示。

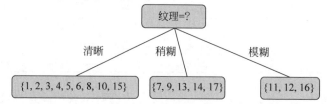

图 2.15　根结点选择纹理属性对数据集的划分结果

然后,对纹理的三个分支的集合分别采用前述相同方法确定该结点的属性,纹理不作为候选属性。逐级采用这样的方法,于是构造出图 2.14 的决策树。

为了提高决策树的泛化能力,著名的 C4.5 采用了"增益率"进行最优属性评价和选择。CART 决策树则利用"基尼指数"来选择划分属性,该决策树可以用于分类和回归两种任务。

3. 决策树的剪枝

决策树生成算法递归地产生决策树,直到不能继续下去为止。这样产生的树往往对训练数据的分类很准确,但对未知的测试数据的分类却没有那么准确,即出现"过拟合"现象。过拟合的原因在于学习时过多地考虑如何提高对训练数据的正确分类,从而构建出过于复杂的决策树。解决这个问题的办法是考虑决策树的复杂度,对已生成的决策树进行简化。在决策树学习中将已经生成的树进行简化的过程称为剪枝(pruning)。具体地,剪枝是从已经生成的树上裁掉些子树或叶结点,并将其根结点或父结点作为新的叶结点,从而提高决策树模型的泛化能力。

预剪枝和后剪枝是两种不同的剪枝策略。预剪枝是指在决策树生成过程中,对每个结点在划分前先进行估计,若当前结点的划分不能带来决策树泛化性能的提升,则停止划分并将当前结点标记为叶结点。后剪枝是先建立好完整的决策树,然后逆向对内部结点进行评估,若该结点对应的子树替换为叶结点能提升决策树的泛化能力,则将其替换为叶结点。评价泛化能力是否提升的方法是利用验证集进行测试和验证。

4. 决策树的决策过程

利用已创建好的决策树进行决策时,将样本从根结点的属性开始进行判断,决定属于哪一个分支,然后再利用该分支下的结点的属性进行进一步判断,逐级进行判断,直至叶结点,完成该样本的分类或回归决策。

假设我们有一个未知好坏的西瓜,其观察数据为(色泽：浅白,根蒂：蜷缩,敲声：清脆,纹理：模糊,脐部：平坦,触感：硬滑)。如果利用图 2.14 所示的决策树进行判断,其结果是好瓜还是坏瓜呢?从根结点开始,先利用纹理属性进行该西瓜的判断,发现被分为模糊分支,该分支对应的叶结点为坏瓜。

2.2.4　支持向量机

支持向量机(Support Vector Machine,SVM)是一种二分类数学模型,通过扩展它可应用于多分类问题。由于支持向量机在小样本情况下分类性能卓越,因此,被应用于诸多领域,特别是数据获取困难的研究领域和应用场景,如医学领域、生化领域等。

支持向量机的分类原理是:首先,在特征空间中通过对已知数据进行学习,建立一个将正负两类样本最大限度地分开的超平面;然后,通过判断待分类样本相对于超平面的位置判断其类别,从而实现分类。

支持向量机的学习过程是求解能够正确划分训练数据集并且几何间隔最大的分离超平面。如图 2.16 所示,图中实心点代表正样本,空心点代表负样本,这些点构成了训练样本集合 $D=\{(\vec{x}_1,y_1),(\vec{x}_2,y_2),\ldots,(\vec{x}_m,y_m)\}$,其中,$\vec{x}_i$ 代表第 i 个样本的特征向量,y_i 为第 i 个样本的标签或类别,其取值为 $+1$ 和 -1,分别代表正、负样本类别。从图中可以看出两类样本是线性可分的,即存在超平面将两类分开,这样的分离超平面有无穷多个,但是最优的分离超平面却是唯一的。这个最优超平面的特点是最大限度地将两类数据分开,直观上体现为

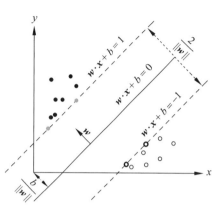

图 2.16　支持向量机分类示意图

距离直线两边的数据的间隔最大,即图中虚线边界之间的距离最大。这样的超平面对训练集数据的局限性或噪声有最大的"容忍"能力。这个超平面可以用函数式(2.11)表示。

$$\vec{w}^{\mathrm{T}}\vec{x}+b=0 \tag{2.11}$$

通过点到平面的距离公式,可以求得两边界之间的距离为

$$\mathrm{magin}=\frac{2}{\|\vec{w}\|^2} \tag{2.12}$$

求该间距最大,即求 $\|\vec{w}\|^2$ 最小。

式(2.11)中,$\vec{w}$ 为权重向量,$\vec{x}$ 为特征向量,b 为一个参数。该超平面以最大边界的形式将正、负样本区分开。该超平面的构建是通过寻找向量 $\vec{w}$ 和参数 b,使其在满足条件

$$\vec{w}\cdot\vec{x}_i+b\geqslant 0 \quad (\text{对正样本},y=+1) \tag{2.13}$$

$$\vec{w}\cdot\vec{x}_i+b< 0 \quad (\text{对负样本},y=-1) \tag{2.14}$$

时,$\|\vec{w}\|^2$ 达到最小。式中 $\vec{x}_i$ 代表第 i 个训练样本的特征向量,$\|\vec{w}\|^2$ 代表权重向量 $\vec{w}$ 的欧几里得范数,y 为样本类别标记。在求出 $\vec{w}$ 和 b 后,通过决策函数

$$y_i=\mathrm{sign}[\vec{w}\cdot\vec{x}_i+b] \tag{2.15}$$

判断向量 $\vec{x}_i$ 所对应的测试样本的类别。若决策函数值为 $+1$,该样本属于正样本;否则,属于负样本。

在线性不可分的情况下,SVM 利用核函数 $K(\vec{x}_i,\vec{x}_j)$ 将特征向量映射到一个高维空间。在此高维空间中,线性不可分问题被转化为线性可分问题,其决策函数为

$$y_j=\mathrm{sign}\left[\sum_{i=1}^{l}\alpha_i y_i K(\vec{x}_i,\vec{x}_j)+b\right] \tag{2.16}$$

上式中,l 为训练样本数,系数 α_i 和 b 应使拉格朗日表达式

$$\sum_{i=1}^{l}a_i-\frac{1}{2}\sum_{i=1}^{l}\sum_{j=1}^{l}a_i a_j y_i y_j K(\vec{x}_i,\vec{x}_j) \tag{2.17}$$

达到最大值,且应满足:

$$C > a_i \geqslant 0 \quad 且 \quad \sum_{i=1}^{l} a_i y_i = 0 \tag{2.18}$$

其中,C 为错误惩罚参数,它控制对错误分类样本的惩罚程度,C 越大、支持向量的个数越多,最优超平面越复杂。

核函数 $K(\vec{x}_i, \vec{x}_j)$ 一般取径向基函数,即:

$$K(\vec{x}_i, \vec{x}_j) = e^{-\|\vec{x}_i - \vec{x}_j\|^2 / (2\sigma^2)} \tag{2.19}$$

一般训练过程中需要对径向基函数中的参数 $g = -\dfrac{1}{2\sigma^2}$ 进行优化,大多采用网格搜索法。

2.3　无监督学习

2.3.1　无监督学习的任务

现实生活中常常会有这样的问题:缺乏足够的先验知识,因此难以人工标注类别或进行人工类别标注的成本太高。很自然地,我们希望计算机能代我们完成这些工作,或至少提供一些帮助。根据类别未知(没有被标注)的训练样本解决模式识别中的各种问题,称为无监督学习。

无监督学习是从无标注的数据中学习数据的统计规律(或者说内在结构)的机器学习,主要包括聚类、降维、概率估计。无监督学习可以用于数据分析或者监督学习的前处理。假设训练数据集由 N 个样本组成,每个样本是一个 M 维向量,则训练数据可以由一个矩阵表示,每一行对应一个特征,每一列对应一个样本。

无监督学习的基本思想是对给定数据(矩阵数据)进行某种"压缩",从而找到数据的潜在结构,假定损失最小的压缩得到的结果就是最本质的结构。可以考虑发掘数据的纵向结构,把相似的样本聚到同一类,即对数据进行聚类;还可以考虑发掘数据的横向结构,把高维空间的向量转化为低维空间的向量,即对数据进行降维;也可以同时考虑发掘数据的纵向和横向结构。假设数据由含有隐式结构的概率模型生成,就从数据中学习该概率模型。

1. 聚类

聚类(clustering)是将样本集合中相似的样本(实例)分配到相同的类,不相似的样本分配到不同的类。聚类时,样本通常是欧氏空间中的特征向量,类别未给定,需要从数据中自动发现,但类别的个数通常是事先给定的。样本之间的相似度或距离由具体应用决定。如果一个样本只能属于一个类,则称为硬聚类(hard clustering);如果一个样本可以属于多个类,则称为软聚类(soft clustering)。图 2.17 给出聚类(硬聚类)的例子,二维空间的样本被分到三个不同的类中。

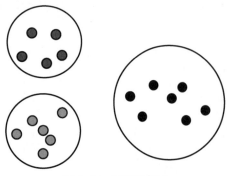

图 2.17　聚类的例子

假设输入空间是欧氏空间 $X \subseteq \mathbf{R}^d$,输出空

间是类别集合 $Z=\{1,2,\cdots,k\}$。聚类的模型是函数 $z=g_\theta(x)$ 或者条件概率分布 $P_\theta(z|x)$,其中 $x\in X$ 是样本的向量,$z\in Z$ 是样本的类别,θ 是参数。前者的函数是硬聚类模型,后者的条件概分布是软聚类模型。

2. 降维

降维(Dimensionality Reduction)是将训练数据中的样本(实例)从高维空间转换到低维空间。通过降维,可以更好地表示样本数据的结构,更好地表示样本之间的关系。低维空间不是事先给定,而是从数据中自动发现,其维数通常是事先给定的。从高维到低维的降维中,要保证样本中的信息损失最小。降维分为线性的降维和非线性的降维。图 2.18 给出了一个降维的例子,二维空间的样本位于一条直线附近,可以将样本投影到该直线上,则从二维空间转换到了一维空间。降维的过程就是学习降维模型的过程。降维时,每一个样本从高维向量转换为低维向量,降维可以帮助发现数据中隐藏的横向结构。

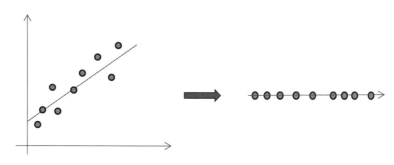

图 2.18 降维的例子

2.3.2 K-Means 聚类算法

1. K-Means 聚类算法的原理

K-Means 聚类算法是一种简单且有效的聚类算法,该算法基于以下思想;相似样本在空间中是靠近的,且相似样本都聚集在聚类中心附近,不相似的样本在空间中是远离的,它们聚集在不同的聚类中心。K-Means 聚类算法通过不断更新预先设定的 K 个聚类中心位置,实现聚类过程。K-Means 聚类算法的优势在于它的速度非常快,因为它所做的只是计算点和聚类中心之间的距离。K-Means 的不足在于需要人为指定聚类中心个数,但是,往往聚类中心无法提前获知。

2. K-Means 聚类算法的一般步骤

K-Means 聚类算法的步骤如下,处理过程如图 2.19 所示。

第一步:设定聚类中心数量 K,采用随机初始化 K 个聚类中心。例如,随机选择 K 个不同样本作为聚类初始中心,或者采用等间距、网格化特征空间设定聚类初始中心。

第二步:计算每个样本点与 K 个聚类中心的距离,将每个样本归属到距离最近的聚类中心,形成 K 个样本集合。

第三步:计算每个样本集合的平均值,即计算每个样本集合中所有样本特征向量的各维平均值,得到平均特征向量,以此作为新的 K 个聚类中心。

第四步:重复第二步和第三步,直到中心位置不再变化为止,最后的 K 个聚类中心和 K 个样本集合即为所求结果。

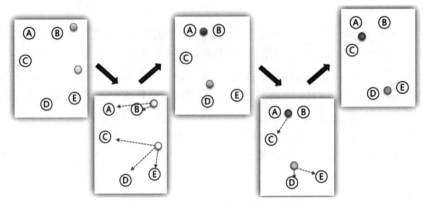

图 2.19　K-Means 聚类算法示意图

3. K-Means 聚类举例

下面以鸢尾花(Iris)分类实例演示 K-Means 聚类算法。鸢尾花数据集共收集了三类鸢尾花,即 Setosa 鸢尾花、Versicolour 鸢尾花和 Virginica 鸢尾花的 150 条记录,每类各 50 条记录,每条记录都有 4 项特征:花萼长度、花萼宽度、花瓣长度、花瓣宽度,可以通过这 4 个特征预测该鸢尾花属于哪一品种。

在做聚类任务之前,需要对数据集进行分析,包括数据的量级、是否有缺失值、数据属性的数据类型,还有各个属性的极值、均值、分布等汇总统计指标。

为了便于观察,从 4 个特征中选择萼长、萼宽两个属性进行聚类。首先,绘图观察三类鸢尾花在萼长和萼宽上的散布图,如图 2.20 所示。设定聚类中心数为 3,即 $K=3$,进行均值聚类后的结果如图 2.21 所示,从图中可以看出聚类效果不理想。为了改进效果,选择鸢尾花的最后两个特征重新进行聚类,聚类结果如图 2.22 所示。

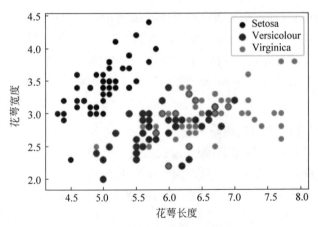

图 2.20　萼长和萼宽属性的散布图

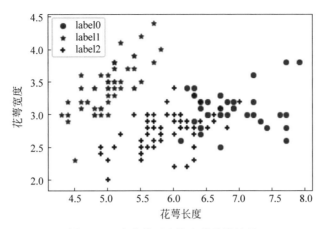

图 2.21 选取前两个维度的聚类结果

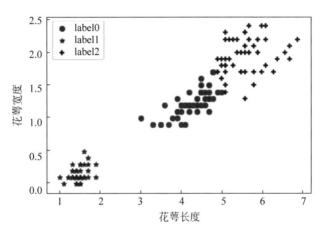

图 2.22 选取后两个维度的聚类结果

2.3.3 层次聚类算法

1. 层次聚类算法的原理

层次聚类算法不同于传统的 K-Means 聚类算法,它在初始 K 值和初始聚类中心点的选择上没有预设要求,并且可以将数据间的相似关系以树形结构显示,具有独特优势。

层次聚类算法根据层次分解的顺序分为:自底向上和自顶向下。自底而上是从每个个体开始,将每个个体视为一个类,计算各类之间的距离,每次将距离最近的类合并到同一个新类。然后,再计算新类与新类之间的距离,将距离最近的新类合并为一个大类。这样不停地合并,直到最后形成一个整个类。该过程如图 2.23 所示。自顶向下与自底向上过程刚好相反,一开始所有个体都属于一个"类",然后根据规则排除异己,最后每个个体都成为一个"类"。这两种方法没有优劣之

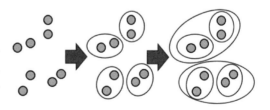

图 2.23 自底向上的层次聚类示意图

分,只是在实际应用的过程中根据数据的特点以及想得到的类,来考虑具体哪种方法计算时所花费的时间少,数据不同时间也会相应不同。

2. 自底向上层次聚类算法的一般步骤

绝大多数层次聚类属于自底向上的层次聚类,只是在类间相似度的定义上有所不同。这里给出采用最小距离的凝聚层次聚类算法的流程。

第一步:将每个对象看作一个类,计算各类两两之间的最小距离;

第二步:将距离最小的两个类合并成一个新类;

第三步:重新计算新类与所有类之间的距离;

第四步:重复第二、三步,直到所有类最后合并成一类。

3. 自底向上层次聚类算法举例

现采集到 7 种不同植物的侧面高度和宽度数据,如表 2.3 所示,现利用自底而上层次聚类算法对该数据进行层次聚类。

表 2.3　不同植物的侧面高度和宽度数据

编号	0	1	2	3	4	5	6
高度/m	1	3	4	1	1.5	3	2.5
宽度/m	2	2	4	2.2	3	3	5

第一步:计算 7 个样本之间的欧氏距离,将距离最近的样本两两分到一起,即 0 号样本和 3 号样本一类(A1);1 号样本和 5 号样本一类(A2);2 号样本和 6 号样本一类(A3);4 号样本单独一类(A4);

第二步:计算 4 个类的中心(除 4 号样本外),计算 4 个类中心的两两距离,将最近的 A1 和 A4 集聚成新类 B1;

第三步:计算新类 B1 的中心,计算 A2、A3 和 B1 3 个类中心的两两距离,将最近的 A2 和 B1 集聚成新类 C1;

第四步:最后将剩下的 C1 和 A3 集聚成一个整体类。

自底向上层次聚类的结果如图 2.24 所示。

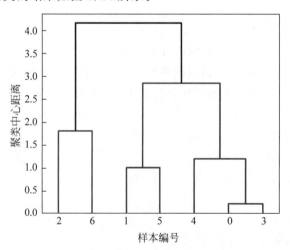

图 2.24　自底向上的层次聚类结果

2.3.4　基于密度的聚类算法

1. 基于密度的聚类算法的原理

基于密度的聚类算法(DBSCAN)是根据样本的密度分布来进行聚类。通常情况下,密度聚类从样本密度的角度出发,来考查样本之间的可连接性,并基于可连接样本不断扩展聚类簇,以获得最终的聚类结果。

相较于其他聚类算法,基于密度的聚类算法的优点在于:首先,它不需要预置集群的数量;其次,它将离群值认定为噪声,不像层次聚类是将它们放到一个集群里,即使该数据点的差异性很大也这么做;最后,这个算法还可以很好地找到任意尺寸、任意形状的集群。该算法的缺点在于:当集群的密度变化时,它表现得不像其他算法那样好。

2. 基于密度的聚类算法的一般步骤

基于密度的聚类算法有两个参数:半径 eps 和密度阈值 MinPts,该算法的具体步骤如下。

第一步:以每一个数据点为圆心 x_i、以 eps 为半径画一个圆圈,这个圆圈被称为 x_i 的 eps 邻域。

第二步:对这个圆圈内包含的点进行计数。如果一个圆圈里面的点的数目超过了密度阈值 MinPts,那么将该圆圈的圆心记为核心点,又称核心对象。如果某个点的 eps 邻域内点的个数小于密度阈值但是落在核心点的邻域内,则称该点为边界点。既不是核心点也不是边界点的点,就是噪声点,如图 2.25 所示。

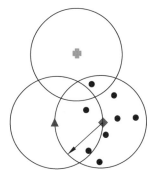

第三步:核心点 x_i 的 eps 邻域内的所有的点,都是 x_i 的直接密度直达。如果 x_j 由 x_i 密度直达,x_k 由 x_j 密度直达,那么,x_k 由 x_i 密度可达。这个性质说明了由密度直达的传递性,可以推导出密度可达,如图 2.26 所示。

🔲 噪音点　▲ 边界点　◆ 核心点　　MinPts=4 eps=1

图 2.25　核心点,边界点,噪声点示意图

第四步:如果对于 x_k,x_i 和 x_j 都可以由 x_k 密度可达,那么,就称 x_i 和 x_j 密度相连,如图 2.27 所示。将密度相连的点连接在一起,就形成了我们的聚类簇。

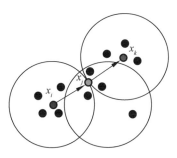

图 2.26　密度可达示意图

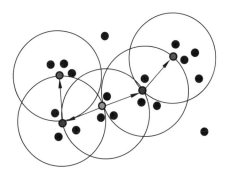

图 2.27　密度相连示意图

用更通俗易懂的话描述就是,如果一个点的 eps 邻域内的点的总数小于阈值,那么该点就是低密度点。如果大于阈值,就是高密度点。如果一个高密度点在另外一个高密度点的邻域内,就直接把这两个高密度点相连,这是核心点。如果一个低密度点在高密度点的邻域内,就将低密度点连在距离它最近的高密度点上,这是边界点。不在任何高密度点的 eps 邻域内的低密度点,就是异常点。

*2.4 强化学习

2.4.1 强化学习的原理

1. 强化学习的原理

强化学习(Reinforcement Learning,RL)是机器学习中一个热门的研究和应用领域,强调如何基于环境的反馈而行动,以取得最大化的预期收益。其灵感来源于心理学中的行为主义理论,即有机体如何在环境给予的奖励或惩罚的刺激下,逐步形成对刺激的预期,产生能获得最大收益的习惯性行为。

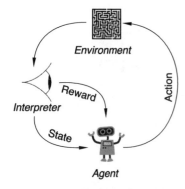

图 2.28 强化学习的基本原理

强化学习的原理如图 2.28 所示,一个强化学习系统由智能体和环境构成。强化学习的过程就是让智能体(Agent)在环境(Environment)中做出不同动作(Action),使得环境状态(State)发生改变,观察者(Interpreter,直译为解释器)从而对智能体产生一定反馈、赏罚或收益(Reward),智能体通过不断试错、调整和优化动作,使收益最大化。

在强化学习系统中,智能体是可以采取行动或做出决策的智能主体,例如机器人、无人机、AlphaGo 等。智能体的动作列表是智能体可以做出的动作的集合。例如,在电子游戏中,这个动作列表可能包括向右奔跑或向左奔跑、向上跳或向下跳、下蹲或者站住不动。又如,在股市中,这个动作列表可能包括买入、卖出或持有任何有价证券。在无人机领域中,动作列表可能包含三维空间中的很多速度和加速度等。环境是指智能体所处的世界,智能体的动作会对环境的状态产生好的或坏的影响,环境将智能体的动作作为输入,以一定的评价机制给智能体一定的反馈,比如奖励和惩罚、评分等。例如,AlphaGo 下了一步棋,环境会给出该步棋的好坏,如果评价为好,那么 AlphaGo 在以后遇到同样的棋局时会有很大可能使用相同的下法,否则会尝试其他下法。

2. 强化学习的特点

与监督学习和非监督学习相比,强化学习的主要特点是试错学习和延迟回报。试错学习是指强化学习一般没有直接的指导信息,智能体要不断与环境进行交互,通过试错的方式来获得收益或确定最佳策略。延迟回报是指强化学习的指导信息很少,而且往往是在事后(最后一个状态)才给出的,比如电子游戏中可能只有在每一次游戏结束以后,才有一个 Game Over 或者 Win 的回报。总体来说,强化学习与其他机器学习算法的不同之处在于:没有监督信息,只有奖励信号;奖励信号不一定是实时的,是具有延迟的;强化学习是序列学习,时间在强化学习中具有重要的意义;智能体的行为会影响以后所有的决策。

3. 强化学习的主要算法

强化学习的算法主要分为两大类:基于价值的算法(Value-Based)和基于策略的算法(Policy-Based)。

基于价值的算法利用状态价值函数和行为价值函数来评价收益。状态价值函数的输入是一个状态,输出是该状态的预期收益,表示从当前状态到达某一特定状态或目标状态的预期收益。行为价值函数的输入是一个状态和一个动作,输出是该状态下做该动作的预期收益。Q-Learning 算法是基于价值的典型强化学习算法。

Q-Learning 和 DQN 等基于价值的方法通过计算每一个状态和动作的价值,选择价值最大的动作执行。这是一种间接选择策略的做法,并且几乎没办法处理动作数目无穷的情况。基于策略的算法是构建一个策略网络,输入一个状态,直接输出对应的动作,而不是得到一个状态价值或者每个动作对应的 Q 值,然后直接对这个策略网络进行更新,从而直接对策略选择建模。Policy Gradient 是基于策略的算法中最基础的一种算法。

2.4.2 Q-Learning 强化学习算法

Q-Learning 是强化学习的一种主要算法,Q 是在某一时刻的状态 s 下,采取动作 a 能够获得收益的期望,记为 s 和 a 的函数 $Q(s,a)$。环境会根据智能体的动作反馈相应的奖赏,所以算法的主要思想就是用状态和动作来构建一张 Q 表来存储 Q 值,然后根据 Q 值来选择能够获得最大收益的动作。下面将以机器人路径优化问题为例对 Q-Leaning 进行阐述。

假设有一个房子,我们将房间表示成结点,用箭头表示房间之间的连通关系,如图 2.29 所示。

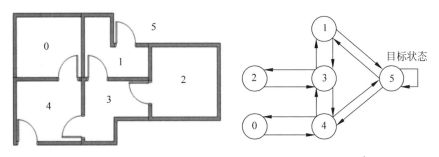

图 2.29 基于 Q-Learning 算法的机器人路径优化问题

首先我们将机器人(agent)放在任何一个位置,让它自己走动,直到走到房间(结点)5,表示成功。为了能够到达目标,我们将每个结点之间设置一定的权重,能够直接到达结点 5 的边设置为 100,其他不能的设置为 0,这样的网络如图 2.30 所示。

Q-Learning 中,最重要的就是"状态"和"动作",状态表示位于图中的哪个结点,如结点 0、结点 3 等,动作则表示从一个结点到另一个结点的操作。

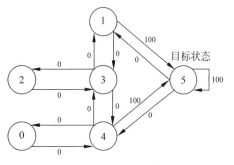

图 2.30 权重网络

首先我们生成一个奖励矩阵，其中－1 表示不可以通过，0 表示可以通过，100 表示直接到达终点，该奖励矩阵如图 2.31 所示。

同时创建一个与 R 表同维的 Q 表，表示从一个状态到另一个状态能获得的总的奖励，并将它初始化为零矩阵，如图 2.32 所示。

$$
\begin{array}{c} \\ \\ \boldsymbol{R}= \\ \\ \\ \text{状态} \end{array}
\begin{array}{c} \\ \mathbf{0} \\ \mathbf{1} \\ \mathbf{2} \\ \mathbf{3} \\ \mathbf{4} \\ \mathbf{5} \end{array}
\begin{array}{c}
\begin{array}{cccccc} \mathbf{0} & \mathbf{1} & \mathbf{2} & \mathbf{3} & \mathbf{4} & \mathbf{5}\ \text{动作} \end{array} \\
\begin{bmatrix}
-1 & -1 & -1 & -1 & 0 & -1 \\
-1 & -1 & -1 & 0 & -1 & 100 \\
-1 & -1 & -1 & 0 & -1 & -1 \\
-1 & 0 & 0 & -1 & 0 & -1 \\
0 & -1 & -1 & 0 & -1 & 100 \\
-1 & 0 & -1 & -1 & 0 & 100
\end{bmatrix}
\end{array}
$$

图 2.31　R 表

$$
\boldsymbol{Q}=
\begin{array}{c} \\ \mathbf{0} \\ \mathbf{1} \\ \mathbf{2} \\ \mathbf{3} \\ \mathbf{4} \\ \mathbf{5} \end{array}
\begin{array}{c}
\begin{array}{cccccc} \mathbf{0} & \mathbf{1} & \mathbf{2} & \mathbf{3} & \mathbf{4} & \mathbf{5} \end{array} \\
\begin{bmatrix}
0 & 0 & 0 & 0 & 0 & 0 \\
0 & 0 & 0 & 0 & 0 & 0 \\
0 & 0 & 0 & 0 & 0 & 0 \\
0 & 0 & 0 & 0 & 0 & 0 \\
0 & 0 & 0 & 0 & 0 & 0 \\
0 & 0 & 0 & 0 & 0 & 0
\end{bmatrix}
\end{array}
$$

图 2.32　Q 表

Q 表中的值根据公式(2.20)来进行更新：

$$Q(s,a)=R(s,a)+\gamma\cdot\max\{Q(\tilde{s},\tilde{a})\} \tag{2.20}$$

其中 s 表示当前的状态，a 表示当前的动作，$\tilde{s}$ 表示下一个状态，$\tilde{a}$ 表示下一个动作，γ 为贪婪因子。Q 表示在状态 s 下采取动作 a 能够获得的期望最大收益，R 是立即获得的收益，而未来的收益则取决于下一阶段的动作。所以，Q-Learning 的步骤可以归结为如下。

第一步：给定贪婪因子和奖励矩阵；

第二步：令 $Q:=0$；

第三步：在当前状态 S 的所有可能动作中选择一个动作；

第四步：利用选定的动作得到下一个状态；

第五步：按照 Q 值更新公式计算 $Q(s,a)$；

第六步：更新当前状态，重复第三至第六步。

下面看一个实际的例子。首先设 $\gamma=0.8$，随机选择一个状态，如房间 1，查看状态 1 所对应的 R 表，也就是 1 可以到达 3 或 5；随机选择 5，根据转移方程可得：

$$
\begin{aligned}
Q(1,5)&=R(1,5)+0.8\times\max\{Q(5,1),Q(5,4),Q(5,5)\}\\
&=100+0.8\times\max\{0,0,0\}\\
&=100
\end{aligned}
$$

于是，Q 表更新为如图 2.33 所示。实现了走出房间的目标，算法结束。

接下来再选择一个随机状态，如 3，3 对应的下一个状态有(1，2，3)，随机选择 1，根据算法更新如下：

$$
\begin{aligned}
Q(3,1)&=R(3,1)+0.8\times\max\{Q(1,3),Q(1,5)\}\\
&=0+0.8\times\max\{0,100\}\\
&=80
\end{aligned}
\tag{2.21}
$$

Q 表的更新如图 2.34 所示。

$$
Q=\begin{array}{c}\\ \mathbf{0}\\ \mathbf{1}\\ \mathbf{2}\\ \mathbf{3}\\ \mathbf{4}\\ \mathbf{5}\end{array}
\begin{array}{c}\begin{array}{cccccc}\mathbf{0}&\mathbf{1}&\mathbf{2}&\mathbf{3}&\mathbf{4}&\mathbf{5}\end{array}\\
\begin{bmatrix}0&0&0&0&0&0\\0&0&0&0&0&100\\0&0&0&0&0&0\\0&0&0&0&0&0\\0&0&0&0&0&0\\0&0&0&0&0&0\end{bmatrix}\end{array}
$$

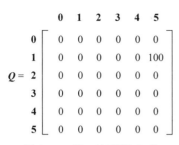

图 2.33　第一次更新 Q 表

$$
Q=\begin{array}{c}\\ \mathbf{0}\\ \mathbf{1}\\ \mathbf{2}\\ \mathbf{3}\\ \mathbf{4}\\ \mathbf{5}\end{array}
\begin{array}{c}\begin{array}{cccccc}\mathbf{0}&\mathbf{1}&\mathbf{2}&\mathbf{3}&\mathbf{4}&\mathbf{5}\end{array}\\
\begin{bmatrix}0&0&0&0&0&0\\0&0&0&0&0&100\\0&0&0&0&0&0\\0&80&0&0&0&0\\0&0&0&0&0&0\\0&0&0&0&0&0\end{bmatrix}\end{array}
$$

图 2.34　第二次更新 Q 表

根据 Q-Learning 算法的步骤不断进行更新，最终得到如图 2.35 所示的 Q 表。

接下去将 Q 表中的数据添加到一开始的示意图 2.29 中，如图 2.36 所示。

$$
Q=\begin{array}{c}\\ \mathbf{0}\\ \mathbf{1}\\ \mathbf{2}\\ \mathbf{3}\\ \mathbf{4}\\ \mathbf{5}\end{array}
\begin{array}{c}\begin{array}{cccccc}\mathbf{0}&\mathbf{1}&\mathbf{2}&\mathbf{3}&\mathbf{4}&\mathbf{5}\end{array}\\
\begin{bmatrix}0&0&0&0&80&0\\0&0&0&64&0&100\\0&0&0&64&0&0\\0&80&51&0&80&0\\64&0&0&64&0&100\\0&80&0&0&80&100\end{bmatrix}\end{array}
$$

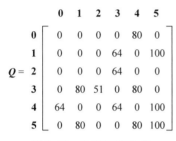

图 2.35　Q 表更新完成

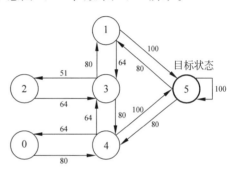

图 2.36　更新连接权重

得到 Q 表之后，可以根据如下步骤来选择路径。

(1) 令当前状态 $s:=s_0$；

(2) 确定 a，使它满足 $Q(s,a)=\max\{Q(s,a)\}$；

(3) 令当前状态 $s:=\tilde{s}$（$\tilde{s}$ 表示 a 对应的下一个状态）；

(4) 重复执行步骤(2)和步骤(3)，直到 s 成为目标状态。

假设初始状态为 2，那么根据 Q 表，选择 2-3 的动作，到达状态 3 之后，可以选择 1、2、4。但是根据 Q 表，选择 1 可以得到最大的价值，所以选择动作 3-1，随后在状态 1，按价值最大的原则选择动作 1-5，于是路径为 2-3-1-5，如图 2.37 所示。

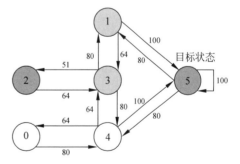

图 2.37　机器人行走路径

2.4.3　强化学习的应用

1. 推荐系统

推荐系统(Recommendation System)可以根据用户的兴趣爱好推荐产品、服务、信息等。个性化推荐可以帮助减缓信息爆炸带来的困扰，推荐用户最喜欢的新闻、电影、音乐等。下面将介绍一种新闻推荐方法，其过程如图 2.38 所示，其原理可以应用到更广泛的领域。

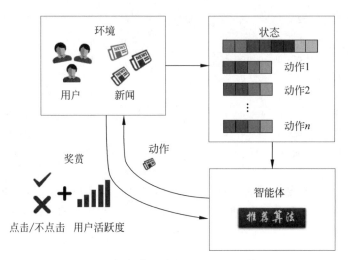

图 2.38　推荐系统中的强化学习应用

要将强化学习应用于推荐系统中,我们需要定义环境、智能体、状态、动作和奖赏。如图 2.38 所示,用户和新闻构成环境;推荐算法是智能体;状态特征由用户特征和上下文特征来定义;动作特征由用户新闻特征和上下文特征来定义;奖赏由隐式的点击/不点击、显式的评级以及用户活跃度等因素来定义。

推荐模型先以离线的方式,从用户和新闻的信息中用相应推荐算法和用户新闻点击记录数据进行训练。然后,模型进入在线模式。当智能体接收到一个新闻请求,它依据用户和新闻的特征,推荐出最匹配的 K 个新闻,用户通过点击或者不点击进行反馈。智能体可以在每次推荐后更新决策网络;或在一段时间后,比如经过一个小时,当做出多个推荐之后再更新网络。模型迭代上述步骤来不断改进决策,一个基于强化学习方法的新闻推荐系统就建立好了。

2. 对话系统

对话系统是为了某种目的设计的、用以与人类对话的机器。这种目的可以是为了完成特定的任务,即任务型对话系统,比如常见的订票、订餐系统等;也可以是纯粹地与人聊天,即非任务型对话系统,比如微软“小冰”、苹果 Siri、小米“小爱同学”等。下面将介绍任务型对话系统中的订餐对话系统。

一般的任务型对话系统的实现方案如图 2.39 所示。

该系统中,语言理解(Spoken Language Understanding,SLU)把用户用自然语言表述的文本处理成预先设计好的、机器能够理解的形式,通常为意图和槽值对。如用户输入“我想订一个明天的位子”,则 SLU 的输出应该是“intent=订餐,slot=date:明天”。

对话状态跟踪(Dialogue State Tracking,DST)根据对话历史管理每一轮对话的输入,并且预测当前对话的状态。比如使用规则的方法判断有哪些槽已经填充、哪些未填充,哪些已经问过用户、问过多少次等。

对话策略学习(Dialogue Policy Learning,DPL)根据当前对话状态做出下一步的反应。比如根据 DST 知道有哪些槽未填充,用规则的方法选取一个优先级最高的槽对用户提问。DPL 的任务是一个序列决策的过程,因此常用的方法有规则方法、条件随机场,以及强化学习方法。

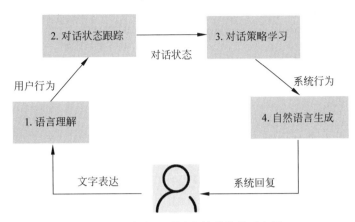

图 2.39 任务型对话中的强化学习应用

自然语言生成(Nature Language Generation,NLG)根据系统得到的动作生成用户易理解的自然语言文本。比如 DPL 的动作是问用户就餐人数,在系统里面可能表示为 request {"number":"UNKNOWN"},NLG 的作用就是把这个转换成"请问有几个人就餐呢"。

将强化学习应用于任务型对话,主要是把强化学习应用于 DPL,学习对话的动作决策,即强化学习中的动作对应于对话中的下一步动作,比如是回答用户的某个问题还是问用户与下一个槽相关的问题等。实际应用中将对话管理作为强化学习中的智能体(Agent),反馈一些信息给用户。奖励(Reward)是根据对话的结果来提供。

使用强化学习的结果如下:

usr:action:inform   inform:{'location':'包间'}   request:{}"

sys:action:multiple_choice   inform:{'num':"10|3|4|5|6|9"}   request:{}"

usr:action:inform   inform:{'num':5}   request:{}"

sys:action:request   inform:{}   request:{'data':'UNK'}"

usr:action:request   inform:{}   request:{'data':'UNK'}"

sys:action:multiple_choice   inform:{'data':'20190107|20190108|20190109'}   request:{}"

usr:action:inform   inform:{'data':'20190109'}   request:{}"

sys:action:request inform:{}   request:{'time':'UNK'}"

usr:action:request inform:{}   request:{'time':'UNK'}"

sys:action:multiple_choice   inform:{'time':'11:00|11:30|12:00|13:00'}   request:{}"

usr:action:inform   inform:{'time':'13:00'}   request:{}"

sys:action:inform   inform:{'location':'包间','num':'5','time':'13:00','data':'20190109'}   request:{}"

usr:action:thanks   inform:{}   request:{}"

sys:action:thanks   inform:{}   request:{}"

根据模板方法的 NLG 翻译为自然语言如下:

sys:您好,这里是重理食堂,请问您想订什么样的位置? 时间、人数等有什么要求?

　　usr：我想订个包间，还有吗？

　　sys：目前还剩下 3 到 10 个人的位置。

　　usr：我要订 5 个人的。

　　sys：您是要订哪一天呢？

　　usr：你们还剩哪些天的？

　　sys：还剩 2019 年 1 月 7 日、2019 年 1 月 8 日和 2019 年 1 月 9 日。

　　usr：2019 年 1 月 9 日。

　　sys：请问您准备几点用餐呢？

　　usr：还有几点的位置？

　　sys：11：00、11：30、12：00、13：00。

　　usr：那就 13：00 吧。

　　sys：这里已经帮您预订了 2019 年 1 月 9 日下午一点包间 5 个人的位子，感谢您的支持。

　　usr：好，谢谢。

3. 自动驾驶

　　自动驾驶是计算机视觉和控制系统的一个活跃的研究领域。即使在业界，许多公司，如谷歌、特斯拉、NVIDIA、Uber 和百度，也都致力于开发先进的自动驾驶汽车，因为它真正有益于人类的生活。另一方面，深层强化学习技术已应用于各种游戏，并取得了巨大的成功。深层强化学习算法的成功证明可以通过优化高维度和行动空间中的策略来指导对象解决现实环境中的控制问题。为了实现自动驾驶，人们正尝试同时利用传感器的信息和视觉算法。许多合成驾驶模拟器用于学习导航策略。与此同时，人们正在研究更加强大和高效的强化学习算法以成功处理真实世界的复杂情境。

参考文献

[1]　周志华. 机器学习[M]. 北京：清华大学出版社，2016.

[2]　雷明. 机器学习原理、算法与应用[M]. 北京：清华大学出版社，2019.

[3]　MITCHELL T M. 机器学习[M]. 曾华军，等译. 北京：机械工业出版社，2008.

[4]　GOODFELLOW I，等. 深度学习[M]. 赵申剑，等译. 北京：人民邮电出版社，2017.

[5]　CSDN 博客[EB/OL]. [2020-05-31]. https://blog. csdn. net.

[6]　百度百科[EB/OL]. [2020-05-31]. https://baike. baidu. com.

[7]　百度文库[EB/OL]. [2020-05-31]. https://wenku. baidu. com.

[8]　知乎专栏[EB/OL]. [2020-05-31]. https://zhuanlan. zhihu. com.

[9]　今日头条[EB/OL]. [2020-05-31]. https://www. toutiao. com.

[10]　数智物语. 机器学习的前世今生：一段波澜壮阔的历史[EB/OL]. （2019-01-03）[2020-05-31]. https://blog. csdn. net/xinshucredit/article/details/85689097.

[11]　陈敏刚. 从"三次人机对弈"读懂人工智能的过去、现在与未来[Z/OL]. （2017-09-28）[2020-05-31]. https://mp. weixin. qq. com/s/qxLGRQ7hcobeql86yT2IGw.

扩展阅读

[1]　李航. 统计学习方法[M]. 北京：清华大学出版社，2012.

[2]　周志华. 机器学习[M]. 北京：清华大学出版社，2016.

［3］　吴恩达. 机器学习笔记［EB/OL］.（2020-04-24）［2020-05-31］. https://github. com/fengdu78/Coursera-ML-AndrewNg-Notes.

［4］　机器学习初学者［EB/OL］.［2020-05-31］. http://www.ai-start.com/.

［5］　莫烦 Python［EB/OL］.［2020-05-31］. https://morvanzhou.github.io/tutorials/machine-learning/.

［6］　机器学习初学者［Z/OL］.［2020-05-31］.微信公众号（微信号：ai-start-com）.

［7］　机器之心［Z/OL］.［2020-05-31］.微信公众号（微信号：almosthuman2014）.

习题 2

一、单项选择题

1. 以下关于机器学习的描述错误的是（　　　）。

　　A. 机器学习是利用经验来改善计算机系统自身的性能

　　B. 机器学习的系统框架包括样本数据、机器学习系统和性能三个模块

　　C. 机器学习中的样本数据都是由算法生成的

　　D. 无监督学习和有监督学习需要选取合适的参数来尽可能地靠近目标

2. K 近邻算法的 K 值必须是（　　　）。

　　A. 奇数　　　　　　　B. 偶数　　　　　　　C. 3　　　　　　　　D. 5

3. 决策树中一般采用"信息增益"对属性进行排序,以下关于"信息增益"的描述正确的是（　　　）。

　　A. 如果一个属性执行后,使得数据集上的信息增益越大,该属性越优先执行

　　B. 如果一个属性执行后,使得数据集上的信息增益越小,该属性越优先执行

　　C. "信息增益"对属性排序的差异不影响决策树的结果

　　D. 以上都不对

4. 以下关于支持向量机的描述不正确的是（　　　）。

　　A. 它是二分类模型,但可以扩展为多分类模型

　　B. 训练支持向量机就是找到最优分割线、平面或超平面,使得样本距离分割线、平面或超平面最远

　　C. 样本集中的所有样本均是"支持向量"

　　D. 样本线性不可分时可以投影到高维空间,转换成线性可分情况

二、多项选择题

1. 以下属于监督学习的模型和方法包括（　　　）。

　　A. K 近邻算法　　　　B. K-Means 算法　　　C. 决策树　　　　　　D. 支持向量机

2. 以下关于弱监督学习的正确描述包括（　　　）。

　　A. 弱监督学习的样本集只有部分样本具有标签

　　B. 迁移学习的核心思想是将相似任务的经验用于目标任务

　　C. 弱监督学习等价于半监督学习

　　D. 半监督学习通过学习有标记的数据,逐渐扩展无标注的数据

3. 以下关于强化学习的描述不正确的是（　　　）。

　　A. 在强化学习中,计算机通过不断与环境交互并通过环境反馈来逐渐适应环境

B. 强化学习和有监督学习的过程相似,是"开环"的过程

C. 强化学习属于无监督学习的一种,不需要监督信息

D. 强化学习的概念是从 AlphaGo 战胜李世石之后才提出的

三、判断题

1. 强化学习是一种结合了监督学习和无监督学习优点的学习范式。（　　　）

2. 机器学习按学习范式可分为监督学习、无监督学习和深度学习。（　　　）

3. 聚类算法和 BP 人工神经网络属于无监督学习。（　　　）

四、简答题

1. 简述机器学习的定义及其分类。

2. 简述监督学习、无监督学习和强化学习的特点与异同之处。

3. 简述 K 近邻算法的分类过程。

4. 简述 K-Means 算法的聚类过程。

第3章

人工神经网络

3.1 概述

3.1.1 人工神经网络简介

神经网络一般分为生物神经网络（Biological Neural Network）和人工神经网络（Artificial Neural Networks，ANN，在计算机领域中通常简称为"神经网络"）。生物神经网络指由生物大脑内的神经元组成的网络结构，能够产生生物的意识。人工神经网络是从信息处理角度建立起来的一种计算模型。通过模拟生物神经元结构来建立基本的信息处理单元——人工神经元，然后将大量的人工神经元相互连接成网络进行信息传递，最终产生结果输出，这样的网络结构被称为人工神经网络。它是人工智能的三大思想流派中联结主义流派（或称仿生学派）的基础。人工神经网络通常需要通过大量的数据来学习并获得人的知识（规律），才能输出（计算出）正确结果，所以，它属于机器学习算法中的一个分支。但由于它实现"学习"的方法与其他机器学习算法有显著的不同，而且它当前在各个应用领域取得了颠覆性的突破和成就，因此常把其他机器学习算法统称为经典机器学习算法或传统机器学习算法来与之区分。

通过前面章节对机器学习的介绍可以知道，机器学习算法是通过用程序处理数据来获得人类的知识。而根据高文院士在 CNCC 2016 上所做的大会特邀报告，人的知识可以从两个维度（是否可统计、是否可推理）来分成四类，如图 3.1 所示。对于可统计、可推理的部分知识，不管是用经典机器学习算法还是人工神经网络的方法，原则上都能找到答案；对那些可推理、不可统计的部分知识，可以用举一反三的办法，经典机器学习算法在这个领域取得了大量成果；可统计、不可推理的部分知识可以采用模糊识别的方法，当前的神经网络方法（主要是深度神经网络，或称深度学习）在此领域取得了大量成就，包括下围棋的 AlphaGo 算法、人脸识别、语言翻译等；不可统计、不可推理的部分知识则依赖人的顿悟，很难使用具体方法处理。

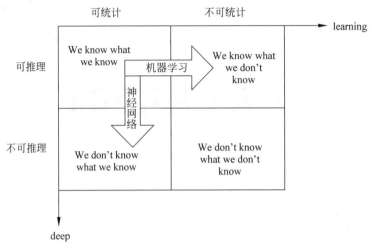

图 3.1　知识维度

从图 3.1 中也可以看出,神经网络算法属于统计学习算法,其通常不具备推理能力,而主要采用类似"记忆"的方法来从大量数据(称为训练数据)中统计出规律并通过参数存储起来,称为学习到了知识;在应用学习到了知识的神经网络的时候,就根据存储的参数去对输入数据进行数学运算,计算出答案,其实质类似于从存储的知识中找匹配的类似知识。由于这些代表神经网络特征的参数是由神经网络学习算法根据训练数据去自行修改、调整出来的,没有办法用确定的数学模型或统计模型去解释,因此业界广泛认为神经网络是一个黑箱模型,缺乏可解释性。但这并不妨碍其在数据处理、语音识别、自然语言处理、图像识别等领域取得的巨大成功,具有非常高的准确率,在一些领域的表现甚至超过了人类。

在编写计算机程序实现神经网络算法的时候,构建的神经网络结构通常如图 3.2 所示。整个神经网络按层次划分,每层包含一定数量的神经元实现信息处理,上一层神经元的处理结果作为下一层神经元的输入。输入层只是表示数据的输入,不计入神经网络层次数量中。因为使用者输入数据到输入层,并从最后一层获得输出结果,不直接使用中间其他层次,因

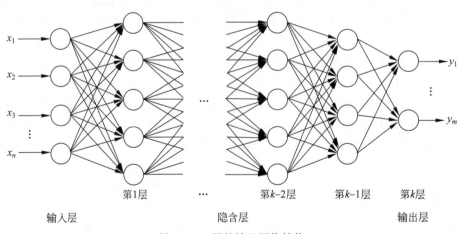

图 3.2　k 层的神经网络结构

此也把中间层次称为隐藏层或隐含层。如果构建的网络层数比较少(譬如只有几层),可以称为浅层学习;如果层数比较多,则称为深度学习(Deep Learning),但目前学术界对此并没有明确定义。

综上,深度学习与人工智能、机器学习、人工神经网络的关系如图 3.3 所示。机器学习是人工智能研究领域的一部分,是实现人工智能的算法。而人工神经网络算法是众多机器学习算法中的一个分支,也是当前取得极大成功的一个分支,它又可以分为浅层神经网络(实现浅层学习)和深层神经网络(实现深度学习)。由于深度学习算法处理出来的结果具有非常高的准确度,在众多领域超越现有的其他各种方法,达到或接近人的智能程度,从而掀

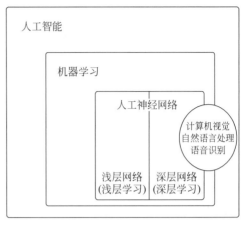

图 3.3 人工智能、机器学习与深度学习的关系

起了当前人工智能的新高潮,是人工智能在各个领域得到广泛应用的核心技术和驱动力。

3.1.2 人工神经网络发展史

通常把人工神经网络的发展分成 4 个时期:启蒙时期(1890—1969 年)、低潮时期(1969—1982 年)、复兴时期(1982—1986 年)、新时期(1986 年至今)。

1. 启蒙时期(1890—1969 年)

1890 年,心理学家威廉·詹姆斯(William James)出版了世界上第一部详细论述人脑结构及功能的专著《心理学原理》,描述了人的神经系统的工作过程:一个神经元细胞接受到多个刺激(输入),这些刺激在细胞体内叠加(处理),在达到一定程度后产生冲动(输出),并将冲动传播到另一些神经细胞。

1943 年,神经生理学家沃伦·麦卡洛克(Warren S. McCulloch)和数理逻辑学家沃尔特·皮茨(Walter Pitts)在合作撰写的 *A logical calculus of the ideas immanent in nervous activity* 论文中提出人工神经网络的概念并给出了人工神经元的数学模型——M-P 模型,模仿人类神经元的工作原理来模拟函数计算。这被认为是世界上第一个人工神经网络模型,从而开创了人工神经网络研究的时代。

1949 年,心理学家赫布(Hebb)出版了 *The Organization of Behavior*(行为组织学),他在书中提出了突触连接强度可变的设想。这个假设认为学习过程最终发生在神经元之间的突触部位,突触的连接强度随着突触前后神经元的活动而变化,这个突触的连接强度的可变性是学习和记忆的基础。Hebb 法则为构造有学习功能的神经网络模型奠定了基础。

1958 年,就职于 Cornell 航空实验室的罗森布拉特(Frank Rosenblatt)发明了一种称为感知机(Perceptron)的人工神经网络模型,采用单层神经元的网络结构,能根据样本数据自主学习分类规则,从而实现对数据的线性二分类。感知机被称为人工神经网络的第一个实际应用,标志着神经网络进入了新的发展阶段。此后大量数学家、物理学家投入到神经网络研究中。

2. 低潮时期(1969—1982 年)

1969 年,符号主义学派的代表人物明斯基(M. Minsky)与麻省理工学院的佩珀特(Seymour Papert)合作撰写了《感知机:计算几何学》一书,指出了神经网络的两个关键问题:简单神经网络只能运用于线性问题的求解,无法解决异或问题等非线性可分问题;当时的计算机也没有足够的能力来处理大型神经网络所需要的高计算量。由于明斯基的学术地位和影响力,人们对感知机的学习能力产生了怀疑,进而使神经网络发展进入了"寒冬"。

1974 年,保罗·沃博斯(Paul Werbos)在哈佛大学攻读博士学位期间,就在其博士论文中首次提出了反向传播算法并构建了反馈神经网络,据此可以构建多层神经网络并能解决异或等问题,但当时没有引起重视。

3. 复兴时期(1982—1986 年)

1982 年,霍普菲尔德(John Hopfield)将物理学的动力学思想引入到神经网络中,提出了 Hopfield 神经网络。该算法采用全互联结构和反馈结构,所有神经元全部连接在一起,网络的输出端又连入输入端,使得网络不断循环、反复运行,直到达到稳定的平衡状态,从而产生稳定的输出值。该算法在著名的旅行商(TSP)问题这个 NP(Non-Deterministic Polynomial)完全问题的求解上获得了当时最好结果,引起了巨大的反响,使人们重新认识到人工神经网络的威力,从而推动神经网络的研究再次进入了蓬勃发展的时期。

1986 年,大卫·鲁梅哈特(David Rumelhart)、杰弗里·辛顿(Geoffrey E. Hinton)和罗纳德·威廉姆斯(Ronald Williams)在《自然》杂志上合作发表了一篇突破性的论文《通过反向传播算法实现表征学习》(*Learning representations by Back-propagating Errors*),清晰论证了"误差反向传播"(Back-Propagating Errors)算法是切实、可操作的训练多层神经网络的方法,彻底扭转了明斯基《感知机:计算几何学》一书带来的负面影响,多层神经网络的有效性终于再次得到学术界的普遍认可,从而将神经网络的研究推向了新的高潮。

4. 新时期(1986 年至今)

1987 年 6 月,首届国际神经网络学术会议在美国圣地亚哥召开,会上成立了国际神经网络学会(INNS)。

20 世纪 80 年代末,迈克尔·乔丹(Michael I. Jordan)和杰弗里·埃尔曼(Jeffrey Elman)提出了简单循环神经网络,拉开了循环神经网络(Recurrent Neural Network,RNN)研究的序幕。

1989 年,杨立昆(Yann LeCun)等人使用 BP 算法训练深度神经网络来识别手写邮编,该神经网络被命名为 LeNet。LeNet 被认为是最早的卷积神经网络(Convolutional Neural Network,CNN)之一,在很大程度上推动了深度学习领域的发展。

1997 年,塞普·霍克赖特(Sepp Hochreiter)和于尔根·施米德胡贝(Jürgen Schmidhuber)提出了长短期记忆人工神经网络(Long-Short Term Memory,LSTM),用于解决一般 RNN 存在的长期依赖问题。

2006 年,杰弗里·辛顿提出了深度置信网络(DBN),用于建立一个观察数据和标签之间的联合分布。

2012 年,杰弗里·辛顿和他的学生 Alex 合作开发了 Alexnet 深度卷积网络,结构类似于 LeNet5,但是卷积层深度更大,参数总数达数千万。该算法在 ImageNet 大赛上把图像分类错误率从 25％以上降到了 15％,以远超第二名的成绩夺冠,从此卷积神经网络乃至深度学习重新引起了学术界的广泛关注,呈现出爆发式的发展。当前,卷积神经网络在人脸识别、自动驾驶、安防等领域都得到了广泛的应用。

2014 年,伊恩·古德费洛(Ian J. Goodfellow)等人提出了生成对抗网络(Generative Adversarial Network,GAN),它是无监督学习的一种方法,通过让两个神经网络相互博弈的方式进行学习。

2015 年,何恺明等人提出了残差网络(ResNet),该网络易于优化,且能够通过很大的深度来提高准确率,在当年的 ImageNet 大规模视觉识别竞赛中获得了图像分类和物体识别组的优胜。其内部的残差块使用了跳跃连接,缓解了在深度神经网络中增加深度带来的梯度消失问题。

2017 年 11 月,萨拉·萨伯(Sara Sabour)、尼古拉斯·弗罗斯特(Nicholas Frosst)和杰弗里·辛顿合作发表了一篇名为《胶囊间的动态路由》的论文,该论文介绍了一个在 MNIST(著名的手写数字图像数据集)上达到最先进性能的胶囊网络架构,并且在 MultiMNIST(一种不同数字重叠对的变体)上得到了比卷积神经网络更好的结果。

3.2　M-P 模型

1943 年,沃伦·麦卡洛克和沃尔特·皮茨提出了模仿生物神经元的结构和工作原理的数学模型,称为 M-P 模型。

3.2.1　生物神经元

生物神经元是一种神经细胞,主要包含多个树突、一个轴突(末端有多个神经末梢)、一个细胞体这三个部分,如图 3.4 所示。

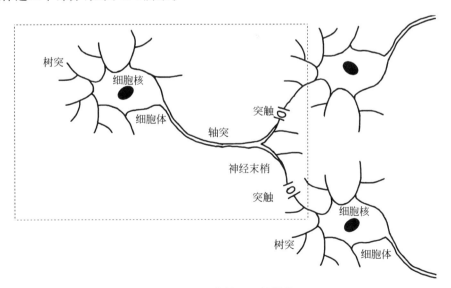

图 3.4　生物神经元的结构

树突短而分支多,与其他神经元的神经末梢相连接,接收来自其他神经元传来的神经冲动(生物电),可以理解为信息输入端。

细胞体汇集传入的神经冲动,并产生新的神经冲动,可以理解为加工信息的部分。

轴突是细胞体突起的最长的外伸管状纤维,每个神经元只有一个轴突。它能够把神经元产生的神经冲动通过众多的神经末梢传递给其他神经元的树突,可以理解为信息输出端。

神经末梢与其他神经元的树突连接的位置存在突触。突触传递神经冲动的能力可以发生改变,从而使得一个神经元传出神经冲动时,不同神经元接收到的神经冲动强度不一样;即便是同一个神经元,在不同状态下树突接收到的神经冲动强度也可能是不同的。突触的这种传递能力的变化决定着两个神经元间的连接强度。

3.2.2 M-P 模型的结构

M-P 神经元模型就是对神经元的工作流程进行简单抽象和模拟,其结构如图 3.5 所示。

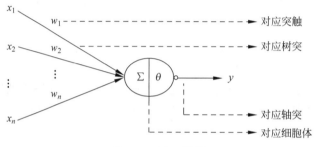

图 3.5 M-P 模型

神经元可以接收多个输入信号,x_i 表示从第 i 个神经元传来的信号强度值,信号经突触传递给树突,突触的连接强度(传递能力)用 w_i 表示,则树突传入的信号强度为 $w_i x_i$。在细胞体中,对各个树突传来的信号进行汇集和处理:汇集是对输入信号直接相加(即 $\sum\limits_{i=1}^{n} w_i x_i$);处理则是根据预先设定的阈值 θ,如果汇集后的信号强度大于该阈值就通过轴突产生冲动(输出 1),否则不产生冲动(输出 0)。

M-P 模型最终输出的描述如式(3.1)所示:

$$y = f\left(\sum_{i=1}^{n} w_i x_i - \theta\right) \tag{3.1}$$

函数 f 是阶跃函数,如图 3.6 所示,当刺激强度 $\sum\limits_{i=1}^{n} w_i x_i$ 大于该神经元的阈值 θ,则该神经元表现为兴奋状态,输出 $y=1$;反之则表现出抑制状态,输出 $y=0$;可用式(3.2)表示。

$$f(x) = \begin{cases} 1, & \text{当 } x \geqslant 0 \\ 0, & \text{当 } x < 0 \end{cases} \tag{3.2}$$

在 M-P 模型中,函数 f 也被称作激活函数;各个 w_i 被称为权值参数,θ 被称为偏置(即上面的阈值)。由于权值参

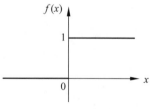

图 3.6 阶跃函数

数 w_i 和偏置参数 θ 都需要人为设定,因此 M-P 模型并没有学习能力。

3.2.3　M-P 模型实现与门电路逻辑运算的应用案例

采用 M-P 模型可以实现一些门电路的逻辑运算功能。与门电路是有两个输入和一个输出的门电路,其输入信号 x_1、x_2 和输出信号 y 的对应关系如表 3.1 所示,这种表称为真值表。与门电路的逻辑运算规则是:仅在两个输入均为 1 时输出 1,其他情况则输出 0。

表 3.1　与门真值表

x_1	x_2	y	x_1	x_2	y
0	0	0	1	0	0
0	1	0	1	1	1

建立一个有两个数据输入端的 M-P 模型,其权值用 w_1、w_2 表示,偏置(阈值)用 θ 表示。当设置 $w_1=0.5$,$w_2=0.5$,$\theta=0.8$ 时,就可以用来实现与门电路的逻辑运算,模型如图 3.7 所示。

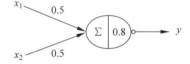

图 3.7　实现与门电路逻辑运算的 M-P 模型

根据 M-P 模型的计算公式,有以下几种情况。

(1) x_1、x_2 分别为 0、0 时,M-P 模型输出值 0,计算如下:
$$y = f(w_1 x_1 + w_2 x_2 - \theta) = f(0.5 \times 0 + 0.5 \times 0 - 0.8) = f(-0.8) = 0$$

(2) x_1、x_2 分别为 0、1 时,M-P 模型输出值 0,计算如下:
$$y = f(w_1 x_1 + w_2 x_2 - \theta) = f(0.5 \times 0 + 0.5 \times 1 - 0.8) = f(-0.3) = 0;$$

(3) x_1、x_2 分别为 1、0 时,M-P 模型输出值 0,计算如下:
$$y = f(w_1 x_1 + w_2 x_2 - \theta) = f(0.5 \times 1 + 0.5 \times 0 - 0.8) = f(-0.3) = 0;$$

(4) x_1、x_2 分别为 1、1 时,M-P 模型输出值 1,计算如下:
$$y = f(w_1 x_1 + w_2 x_2 - \theta) = f(0.5 \times 1 + 0.5 \times 1 - 0.8) = f(0.2) = 1。$$

综上,对于与门电路的各种输入,M-P 模型都能给出正确的输出结果,因此能实现与门电路的逻辑运算。

3.3　感知机

在 M-P 模型中,参数需要人为设置。而在实际应用中,需要有办法能自动选择合适的参数,才具有实用价值。感知机中引入了学习的概念,先预设参数,然后通过已知结果的数据来获得模型输出误差,引导权值参数进行调整来不断减小误差,就可以找到最合适的参数,从而达到学习的目的。简而言之,"学习"就是通过已知数据(称为训练数据)来获得网络中的参数。

3.3.1   感知机模型

感知机是一种人工神经网络,其结构与 M-P 模型基本一致,如图 3.8 所示,包含输入数据、神经元处理层、输出数据三个部分。由于处理数据的神经元只有一层,因此也称为单层感知机。为了便于计算,把偏置进行了等价替换:增加一个值为 1 的固定输入,对其设置权值 b。因为 b 的值会被自动调整,不失一般性,在神经元进行求和运算时可以等价地用加 $1b$ 替换原 M-P 模型公式中的减去阈值 θ,即输出计算公式变为式(3.3),这里的激活函数 f 仍然为阶跃函数。

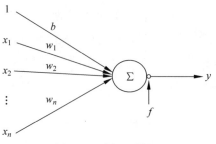

图 3.8   感知机模型

$$y = f\left(\sum_{i=1}^{n} w_i x_i + b\right) \tag{3.3}$$

3.3.2   感知机工作过程

感知机的计算过程和 M-P 模型一样。为了便于描述,这里以用只有两个输入的感知机实现与门电路的逻辑运算为例来介绍其工作过程,其模型结构如图 3.9 所示,计算过程如式(3.4)所示。

$$y = f(w_1 x_1 + w_2 x_2 + b) \tag{3.4}$$

当 $w_1 = 0.5, w_2 = 0.5, b = -0.8$ 时,该模型同样能实现与门电路的逻辑计算(见图 3.10),计算过程可以参照 M-P 模型的计算案例。感知机把这种能力推广,用来进行分类,并具有几何上的意义。与门电路的逻辑计算可以看作是把平面中 4 个点 $(1,1)$、$(1,0)$、$(0,1)$、$(0,0)$ 分为两类,$(1,1)$ 属于一类,其他三个点属于另一类,分别通过输出值 $y=1$ 和 $y=0$ 来表示。感知机对输入数据的处理,可以理解为平面中建立一条划分这两个类别的直线 $w_1 x_1 + w_2 x_2 + b = 0$(这里为直线 $0.5 x_1 + 0.5 x_2 - 0.8 = 0$),将两类不同输出分开。阶跃函数的输出就表示输入的点位于直线的上部分还是下部分,因此,如果输入的数据是 $(1.5, 1.1)$,也被分为 $y=1$ 类。

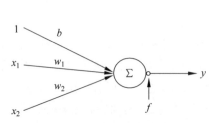

图 3.9   实现与门电路逻辑运算的
感知机模型

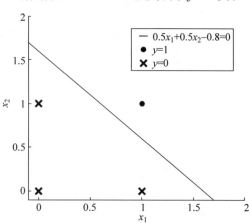

图 3.10   感知机解决与门问题

现在,需要做的事情就是如何通过数据来学习到参数 w_1、w_2、b 的值。

3.3.3　感知机的学习过程

感知机最初并不知道正确的权值参数,就设置为随机值;然后把已经知道结果的数据(称为训练数据或样本数据)逐条送进去进行计算;由于最初的权值参数是随机设置的,会产生很多错误的输出,通过误差(实际值与输出值之间的差)来调整权值参数,使修改后重新计算的结果误差减小;最终,当输入的每个数据都能计算出正确的结果,这时的感知机就已经正确学习到了所有参数。

而这个过程中关键的问题就是:如何调整权值参数(即权值更新)才能确保误差减小?下面给出感知机学习过程和权值更新规则。

第一步,随机初始化权值 $W(w_0, w_1, w_2, \cdots, w_n)$,为了描述的统一,用 w_0 代替 b。

第二步,输入一个样本 $(1, x_1, x_2, \ldots, x_n)$ 和对应的期望结果 y。其中 1 与 w_0 相乘表示偏置值,传入神经元。二分类中,一般用 $y=1$ 表示一类,用 $y=0$ 表示另一类(也有的用 -1 表示另一类别,都不影响计算)。

第三步,根据式(3.3)得感知机输出结果为:$y_{\text{out}} = f\left(\sum\limits_{i=0}^{n} w_i x_i\right)$。

第四步,若该点被分类错误,则存在误差($\varepsilon = y - y_{\text{out}} \neq 0$),以误差为基础对每个权值 $w_i (0 \leqslant i \leqslant n)$ 按以下规则进行调整(称为学习规则):

$$\Delta w_i = \eta(y - y_{\text{out}}) x_i$$

$$w_i \leftarrow w_i + \Delta w_i$$

这里的 η 称为学习率,是一个人为设置的常量,一般为 0~1,用来控制每次权重的调整力度。

第五步,如果所有的样本分类的输出均正确即成功分类,则训练过程结束。只要有任何一个样本输出错误,那么都将导致权值调整,并且再次逐个输入所有样本进行训练。

训练过程的关键就是在于第四步的权重调整规则。这样的调整为什么确保能让错误的分类变正确,使分类错误的点越来越少?下面以与门电路的逻辑计算来详细分析。

该案例的训练数据集包含 4 个数据:$(0,0) \to 0$,$(0,1) \to 0$,$(1,0) \to 0$,$(1,1) \to 1$。

(1) 首先随机化权值,这里假设 (w_0, w_1, w_2) 为 $(-3, -2, 4)$,学习率 η 设置为 0.6,如表 3.2 中初始行所示。

(2) 依次把样本按顺序送入感知机进行计算。

① 首先输入样本 $(0,0)$,计算输出:

$$y_{\text{out}} = f\left(\sum_{i=0}^{n} w_i x_i\right) = f(w_0 + w_1 x_1 + w_2 x_2) = f(-3 + (-2) \times 0 + 4 \times 0)$$

$$= f(-3) = 0$$

输出正确,所以权值不变化,如表 3.2 第 1 行数据所示。

② 继续输入样本$(0,1)$,计算输出:

$$y_{\text{out}} = f\left(\sum_{i=0}^{n} w_i x_i\right) = f(w_0 + w_1 x_1 + w_2 x_2)$$
$$= f(-3 + (-2) \times 0 + 4 \times 1) = f(1) = 1$$

输出结果与期望输出不同,误差为$\varepsilon = y - y_{\text{out}} = 0 - 1 = -1$,按学习规则更新权值如下:

$$w_0 = w_0 + \Delta w_0 = w_0 + \eta \varepsilon x_0 = -3 + 0.6 \times -1 \times 1 = -3.6$$
$$w_1 = w_1 + \eta \varepsilon x_1 = -2 + 0.6 \times -1 \times 0 = -2$$
$$w_2 = w_2 + \eta \varepsilon x_2 = 4 + 0.6 \times -1 \times 1 = 3.4$$

如表 3.2 中第 2 行所示。对此调整进行如下分析:

图 3.11 显示感知机初始状态的分割直线,$(0,1)$被错误地分在了直线上方。从本次计算上看,误差=期望结果-输出结果$=0-1=-1$,为负值,说明当前该点的输出值过大,需要调整公式$w_0 + w_1 x_1 + w_2 x_2$中的权值来减小输出结果。而学习规则正好是让各个权值均减小:权值w_0从-3到-3.6、w_1从-2到-2、w_2从 4 到 3.4,能够让更新后的输出变小。从图 3.12 中可以看到,在调整过后,直线整体向上移动,$(0,1)$点被分割在直线下方,这样经过激活函数后就可以得到正确的输出,说明参数调整的方向正确,学习规则有效。

(3) 继续输入样本$(1,0)$,计算输出:

$$y_{\text{out}} = f\left(\sum_{i=0}^{n} w_i x_i\right) = f(w_0 + w_1 x_1 + w_2 x_2)$$
$$= f(-3.6 + (-2) \times 1 + 3.4 \times 0) = f(-5.6) = 0$$

输出正确,所以权值不变化,如表 3.2 第 3 行数据所示。

(4) 继续输入样本$(1,1)$,计算输出:

$$y_{\text{out}} = f\left(\sum_{i=0}^{n} w_i x_i\right) = f(w_0 + w_1 x_1 + w_2 x_2)$$
$$= f(-3.6 + (-2) \times 1 + 3.4 \times 1) = f(-2.2) = 0$$

结果与预期不符,存在误差$\varepsilon = y - y_{\text{out}} = 1 - 0 = 1$,按规则更新权值:$w_0 = w_0 + \Delta w_0 = w_0 + \eta \varepsilon x_0 = -3.6 + 0.6 \times 1 \times 1 = -3$,$w_1 = w_1 + \eta \varepsilon x_1 = -2 + 0.6 \times 1 \times 1 = -1.4$,$w_2 = w_2 + \eta \varepsilon x_2 = 3.4 + 0.6 \times 1 \times 1 = 4$,如表 3.2 第 4 行所示。

如图 3.12 所示,在用$(0,1)$训练网络之后,图像进行了调整,调整后只有$(1,1)$被错误地分类在直线下方。输入$(1,1)$进行网络训练时,输出的误差为$1 - 0 = 1$,表示这个点计算的和太小,需要调整公式$w_0 + w_1 x_1 + w_2 x_2$中的权值来增大输出结果。学习规则正好这样调整,让权值w_0从-3.6到-3、w_1从-2到-1.4、w_2从 3.4 到 4,从而让输出增加。

如图 3.13 所示,尽管$(1,1)$仍然处于直线下方,而且本次调整让点$(0,1)$的分类从正确变为错误,但直线在向正确的方向移动,并有一定旋转,可以看出继续按这个趋势调整,将很快能正确分类所有数据,因此是有效的(三个权值参数在不同时候调整的大小不同,而且各自变化的比例不同,表现为分类直线的旋转和移动)。

同理,循环带入所有数据,直到每个样本的计算输出都与预设的一样,就结束学习。每次权值调整的情况见表 3.2,图 3.14 至图 3.21 中画出了权值调整之后的分类直线变化。

表 3.2 参数调整的详细过程

调整参数	样本输入	网络输出 y_{out}	样本预设类别值 y	误差 ε	调整后的 w_0	调整后的 w_1	调整后的 w_2
初始					-3	-2	4

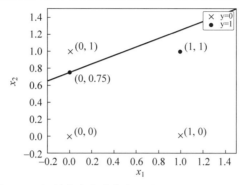

图 3.11 初始状态的直线方程为 $-2x_1 + 4x_2 - 3 = 0$

（请注意坐标轴以 $(-0.2, -0.2)$ 为原点，直线公式为 $w_0 + w_1 x_1 + w_2 x_2 = 0$）

1	$(0,0)$	0	0	0	-3	-2	4
2	$(0,1)$	1	0	-1	**-3.6**	**-2**	**3.4**
3	$(1,0)$	0	0	0	-3.6	-2	3.4
4	$(1,1)$	0	1	1	**-3**	**-1.4**	**4**

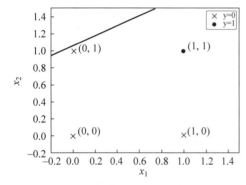

图 3.12 第 2 步代入调整后的直线方程为 $-2x_1 + 3.4x_2 - 3.6 = 0$

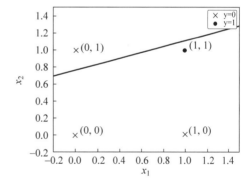

图 3.13 第 4 步代入调整后的直线方程为 $-1.4x_1 + 4x_2 - 3 = 0$

5	$(0,0)$	0	0	0	-3	-1.4	4
6	$(0,1)$	1	0	-1	**-3.6**	**-1.4**	**3.4**
7	$(1,0)$	0	0	0	-3.6	-1.4	3.4
8	$(1,1)$	0	1	1	**-3**	**-0.8**	**4**

续表

调整参数	样本输入	网络输出 y_{out}	样本预设类别值 y	误差 ε	调整后的 w_0	调整后的 w_1	调整后的 w_2

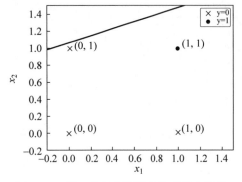

图 3.14　第 6 步代入调整后的直线方程为
$-1.4x_1+3.4x_2-3.6=0$

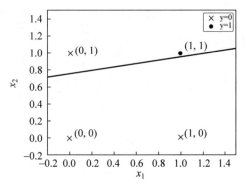

图 3.15　第 8 步代入调整后的直线方程为
$-0.8x_1+4x_2-3=0$

调整参数	样本输入	网络输出 y_{out}	样本预设类别值 y	误差 ε	调整后的 w_0	调整后的 w_1	调整后的 w_2
9	(0,0)	0	0	0	−3	−0.8	4
10	(0,1)	1	0	−1	**−3.6**	**−0.8**	**3.4**
11	(1,0)	0	0	0	−3.6	−0.8	3.4
12	(1,1)	0	1	1	**−3**	**−0.2**	**4**

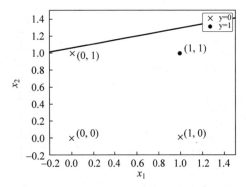

图 3.16　第 10 步代入调整后的直线方程为
$-0.8x_1+3.4x_2-3.6=0$

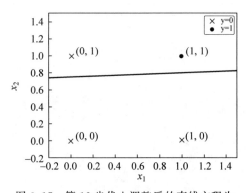

图 3.17　第 12 步代入调整后的直线方程为
$-0.2x_1+4x_2-3=0$

调整参数	样本输入	网络输出 y_{out}	样本预设类别值 y	误差 ε	调整后的 w_0	调整后的 w_1	调整后的 w_2
13	(0,0)	0	0	0	−3	−0.2	4
14	(0,1)	1	0	−1	**−3.6**	**−0.2**	**3.4**
15	(1,0)	0	0	0	−3.6	−0.2	3.4
16	(1,1)	0	1	1	**−3**	**0.4**	**4**

续表

调整 参数	样本 输入	网络输出 y_{out}	样本预设类 别值 y	误差 ε	调整 后的 w_0	调整 后的 w_1	调整 后的 w_2

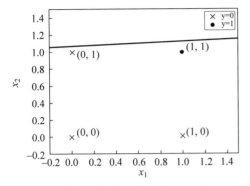

图 3.18　第 14 步代入调整后的直线方程为
$-0.2x_1 + 3.4x_2 - 3.6 = 0$

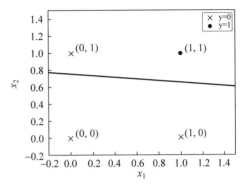

图 3.19　第 16 步代入调整后的直线方程为
$0.4x_1 + 4x_2 - 3 = 0$

17	(0,0)	0	0	0	-3	0.4	4
18	(0,1)	1	0	-1	**-3.6**	**0.4**	**3.4**
19	(1,0)	0	0	0	-3.6	0.4	3.4
20	(1,1)	1	1	0	-3.6	0.4	3.4

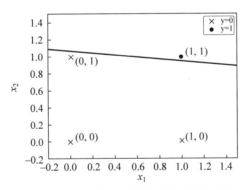

图 3.20　第 18 步代入调整后的直线方程为
$0.4x_1 + 3.4x_2 - 3.6 = 0$

21	(0,0)	0	0	0	-3.6	0.4	3.4
22	(0,1)	0	0	0	-3.6	0.4	3.4
23	(1,0)	0	0	0	-3.6	0.4	3.4
24	(1,1)	1	1	0	-3.6	0.4	3.4

续表

调整参数	样本输入	网络输出 y_{out}	样本预设类别值 y	误差 ε	调整后的 w_0	调整后的 w_1	调整后的 w_2

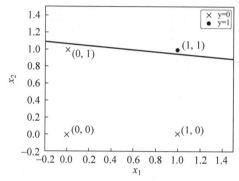

图 3.21 调整完毕的直线方程为
$$0.4x_1 + 3.4x_2 - 3.6 = 0$$

从上面的过程可知,感知机学习过程中,权值调整的方向是以让误差减小为依据的,因此能够有效地学习到合理的权值参数,而且还具有如下一些特征。

(1) 对某个样本错误进行权值参数调整,可能引起其他原本分类正确的点出错,例如在第 4 步中,代入 (1,1) 点输出错误,调整后 (0,1) 被错误分类在直线上方。所以每次调整之后,要把所有样本都要重新进行依次计算。

(2) 学习率有着重要作用。学习率大,每次调整力度大,可能让分割直线调整过头,引起其他点错误,其他点的错误又让直线调回来,从而引起分割直线来回振荡调整。学习率小,每次调整力度小,可能要反复训练多轮,才能把直线调整到合适位置,速度慢。合适的学习率对于训练来说非常重要。

(3) 一些点误差是 1,一些点误差是 −1,会让分隔直线来回移动。为了减少这种频繁调整,可以采用不是每个点计算出误差都调整权值,而是把所有点都计算一遍,把所有点的误差求和,然后再对权值进行一次调整的方法,实现每次调整让总体误差最小。

(4) 能线性分割这些点的直线非常多,根据初始参数和学习率,最终得到的权值参数结果不唯一。

(5) 如果这些点本身不是用一条直线可以分割的(非线性可分),即没有一条直线能把这些点正确分开,那么这个学习过程无法终止。因此,它无法解决线性不可分问题。

3.3.4 感知机分类案例

对于输入数据是二维的情况,感知机的几何意义是找一条直线,将表示输入数据的平面中的点分开;如果输入数据是三维的,则相当于找一个平面,在三维空间中将它们分成两类;对于维度更高的数据,就是寻找对应的超平面。该平面和超平面方程都是由权值参数来确定。

接下来介绍一个区分苹果和香蕉的例子,更好地认识感知机的分类作用。首先用三个特征来对这两种水果进行描述,x_1 为颜色,x_2 为形状,x_3 为水分含量;其中水果颜色越红

则 x_1 数值越大、最大为 1，越黄则数值越小、最小为 -1；当水果的形状越接近圆形时，x_2 数值越大、最大为 1，越接近长条形数值越小、最小为 -1；含水分越多 x_3 数值越大、最大为 1，反之则数值越小、最小为 -1；最终，某一苹果和某一香蕉的特征值如表 3.3 所示，即越红、越圆、含水越多的越可能是苹果（用类别 1 表示），反之更可能是香蕉（用类别 0 表示）。

表 3.3 苹果、香蕉的特征表

特 征 参 数	苹果典型特征值 （输出用 1 表示苹果）	香蕉典型特征值 （输出用 0 表示香蕉）
x_1（颜色）：1 到 -1 之间的值，表示由红到黄的程度	1	-1
x_2（形状）：1 到 -1 之间的值，表示形状圆到长的程度	1	-1
x_3（含水量）：1 到 -1 之间的值，表示含水程度	1	-1

可以建立一个简单的感知机模型 $y = f(w_1 x_1 + w_2 x_2 + w_3 x_3)$，即存在三个输入和一个输出（为简单说明，这里设置偏置 b 为 0，因此该模型中需要训练的权值参数为 3 个：w_1、w_2、w_3，此处使用简单阶跃函数为感知机的激活函数）。

通过一定训练，得到网络的权值分别为 $w_1 = 1, w_2 = 1, w_3 = 1$（这个数据不唯一，可以通过训练得到）。

当输入 x_1、x_2、x_3 分别为 1,1,1 时，有

$$y = f(w_1 x_1 + w_2 x_2 + w_3 x_3 + b) = f(1 \times 1 + 1 \times 1 + 1 \times 1) = f(3) = 1$$

则感知机输出 1；当输入 x_1、x_2、x_3 分别为 -1,-1,-1 时，有

$$y = f(w_1 x_1 + w_2 x_2 + w_3 x_3 + b)$$
$$= f(1 - 1 + 1 \times -1 + 1 \times -1) = f(-3) = 0$$

则感知机输出 0。

这样就实现了对样本的分类。在三维图 3.22 中可以清楚地看出这两点被一个平面分隔开，即感知机明确地区分开了苹果和香蕉。通过颜色、形状、含水量的特征，样本被分类为苹果或香蕉。

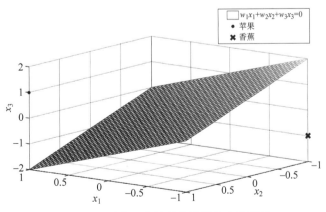

图 3.22 具有三个特征的数据的分类情况

由于香蕉和苹果的本质不同,相应的特征值会有所差距,相同品种的数据会趋于聚集,而不同品种的数据差距会相对大些,最终通过这些特征可以实现两者的分类。当用更多的苹果和香蕉的实际数据来训练感知机时,随着不断学习,这个平面将发生一定的变化,分类也会更加精确,如图 3.23 所示。

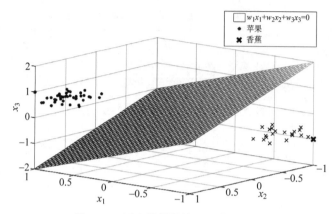

图 3.23　更多数据训练后的分类情况

3.3.5　多层感知机

由感知机的几何意义可以得知,单层感知机通过超平面来进行分类,无法解决线性不可分问题。这就是明斯基的质疑,单层感知机连异或问题都无法解决,从而让人们对感知机的学习能力产生了怀疑,造成了人工神经网络领域发展的长年停滞与低潮。如图 3.24 所示,无论直线怎么变动,也无法分割两种类型。

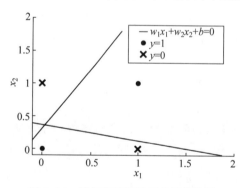

图 3.24　感知机无法进行分类的情况

随着研究的进行人们发现,在输入层与输出层之间增加隐含层,构成一种多层神经网络结构,这样的结构就可以解决非线性分类的问题,增强感知机的分类能力,这就是多层感知机(Multilayer Perceptrons,MLP)。如图 3.25 所示是一个 MLP 结构,包含了多个隐含层。

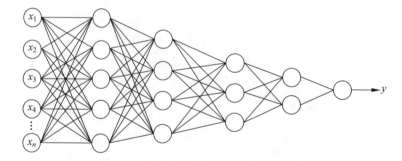

图 3.25　多层感知机结构

用一个如图 3.26 所示的两层感知机(输入层不算入神经网络层次),就可实现异或门电路的逻辑运算,其真值表如表 3.4 所示。

表 3.4 异或逻辑运算真值表

x_1	x_2	y
0	0	0
0	1	1
1	0	1
1	1	0

两层感知机的结构如图 3.26 所示,设置权值参数 $w_{11}=1,w_{21}=1,w_{12}=-1,w_{22}=-1,w_3=1,w_4=1,b_1=-0.5,b_2=1.5,b_3=-1.5$,激活函数 $f(x)$ 为阶跃函数。

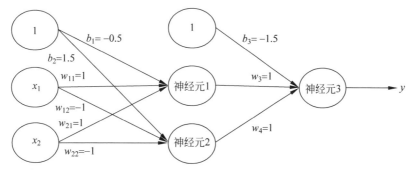

图 3.26 解决异或问题的两层感知机

将样本 $(x_1,x_2)=(0,0)$ 输入模型,输出 $y=0$,计算过程如下:

神经元 1 输出 $s_1=f(w_{11}x_1+w_{21}x_2+b_1)=f(1\times0+1\times0-0.5)=0$

神经元 2 输出 $s_2=f(w_{12}x_1+w_{22}x_2+b_2)=f(-1\times0+(-1)\times0+1.5)=1$

神经元 3 输出 $y=f(w_3s_1+w_4s_2+b_3)=f(1\times0+1\times1-1.5)=0$

将样本 $(x_1,x_2)=(0,1)$ 输入模型,输出 $y=1$,计算过程如下:

$$s_1=f(w_{11}x_1+w_{21}x_2+b_1)=f(1\times0+1\times1-0.5)=1$$

$$s_2=f(w_{12}x_1+w_{22}x_2+b_2)=f(-1\times0+(-1)\times1+1.5)=1$$

$$y=f(w_3s_1+w_4s_2+b_3)=f(1\times1+1\times1-1.5)=1$$

将样本 $(x_1,x_2)=(1,0)$ 输入模型,输出 $y=1$,计算过程如下:

$$s_1=f(w_{11}x_1+w_{21}x_2+b_1)=f(1\times1+1\times0-0.5)=1$$

$$s_2=f(w_{12}x_1+w_{22}x_2+b_2)=f(-1\times1+(-1)\times0+1.5)=1$$

$$y=f(w_3s_1+w_4s_2+b_3)=f(1\times1+1\times1-1.5)=1$$

将样本 $(x_1,x_2)=(1,1)$ 输入模型,输出 $y=1$,计算过程如下:

$$s_1=f(w_{11}x_1+w_{21}x_2+b_1)=f(1\times1+1\times1-0.5)=1$$

$$s_2=f(w_{12}x_1+w_{22}x_2+b_2)=f(-1\times1+(-1)\times1+1.5)=0$$

$$y=f(w_3s_1+w_4s_2+b_3)=f(1\times1+1\times0-1.5)=0$$

由上面计算可知,这样一个两层感知机的运算结果与异或门电路输出一致,实现了异或逻辑计算功能。但是感知机只给出了最后一层神经元权值的训练方法,而其他层的参数则只能人为设置。

3.4 多层神经网络

单层感知机能够根据已知数据来学习参数,在线性可分的问题领域具有很好的效果,但它不能处理线性不可分问题。而多层感知机只能训练最后一层参数,实用性有限。反向传播算法(BP算法)的提出,使得多层神经网络的训练变得简单可行,证明了多层神经网络具有很强的学习能力。从而将神经网络的研究推向了新的高潮。

多层神经网络(Multilayer Neural Network,也称为多层感知机)的计算过程和感知机类似,通过输入数据来前向计算各个神经元的输出,并传递到下一层作为输入,最终得出结果。其核心在于采用反向传播算法(Back Propagation Algorithm,简称 BP 算法)来训练各层神经元的权值参数(即学习)。反向传播算法的关键是使用了一个重要的数学概念——梯度(Gradient),而梯度又是由偏导数构成的,下面对这些概念进行介绍。

3.4.1 梯度

1. 导数概念

数学上,对于一元函数 $y=f(x)$ 来说,函数在某点的导数表示函数值在这一点附近的变化率。其计算方法为:对于某个点 x_0,当 x_0 增加 Δx 时,相应地函数值 y 也会发生变化,增量为 $\Delta y=f(x_0+\Delta x)-f(x_0)$;当 Δx 无限接近 0 时,如果 Δy 与 Δx 之比存在,则称函数 $y=f(x)$ 在点 x_0 处可导,并称这个 $\Delta y/\Delta x$ 为函数 $y=f(x)$ 在点 x_0 处的导数。

以一元二次函数 $y=x^2$ 为例,图 3.27 所示是该函数在二维平面中的图像,并在图上分别画出了 $(1,1)$ 和 $(15,225)$ 两点处的函数切线,每个点位置的导数值也就是在该点切线的斜率。该函数的导数用 y' 表示,根据求导公式有 $y'=2x$,可以得知:在点 $x=15$ 处的导数值为 30;点 $x=1$ 处的导数值为 2。

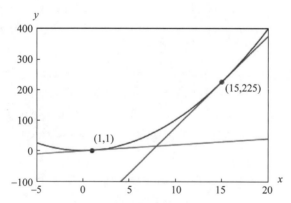

图 3.27　一元二次函数 $y=x^2$ 及在 $(1,1)$ 和 $(15,225)$ 处的切线

2. 偏导与梯度概念

对于多元函数 $y=f(x_1,x_2,x_3,\cdots,x_n)$,由于有多个自变量 x_i,各个自变量值的变化都会导致函数值发生变化,函数值的变化是由各个自变量的变化共同决定。因此,需要研究

函数值的变化与每个变量的变化之间的关系,这就是偏导数。

对任意一个变量 x_i,当其他变量为常数值时,函数 f 关于变量 x_i 的导数就称为偏导数,用符号 ∂ 表示。

以二元函数 $z=f(x,y)$ 为例,用 $\dfrac{\partial f(x,y)}{\partial x}$ 表示函数 $f(x,y)$ 关于 x 的偏导数,其几何含义就是在函数 $z=f(x,y)$ 的三维几何图中,y 固定为某个值时(y 方向不变),函数值 z 沿 x 轴方向的变化率;用 $\dfrac{\partial f(x,y)}{\partial y}$ 表示函数 f 关于 y 的偏导数,指在 x 固定为某个值时(x 方向不变),函数值 z 沿 y 轴方向的变化率。

梯度就是把多元函数的各个变量的偏导数放在一起构成的向量(也称为矢量)。梯度(矢量)既有方向,又有大小。梯度方向表示当函数的各个变量都按照各自偏导数的比例进行增加时,各个增加量合起来构成的方向(类似于力学中,对于某一个点,在多个不同方向上用不同的力来拉这个点,会合成为朝向某一个方向上的力)。而且数学上可以证明,各个变量的值按这样的比例变化时,函数值变化率最大(变化率为梯度的模),即在自变量的变化步长固定的情况下,各自变量增加值的比例等于各偏导数的比例时,函数值的增加量最大。函数 f 的梯度记为 $\mathrm{grad}(f)$,表示为式(3.5)。

$$\mathrm{grad}(f)=\left(\frac{\partial f(x_1,x_2,\cdots,x_n)}{\partial x_1},\frac{\partial f(x_1,x_2,\cdots,x_n)}{\partial x_2},\cdots,\frac{\partial f(x_1,x_2,\cdots,x_n)}{\partial x_n}\right) \quad (3.5)$$

以二元函数 $z=f(x,y)=x^2+y^2+xy$ 为例,由式(3.5)可以得到 z 的梯度如下:

$$\mathrm{grad}(f)=\left(\frac{\partial f(x,y)}{\partial x},\frac{\partial f(x,y)}{\partial y}\right)$$

其中 $\dfrac{\partial f(x,y)}{\partial x}$ 和 $\dfrac{\partial f(x,y)}{\partial y}$ 分别表示函数 f 对于 x 和 y 的偏导数。各偏导数求解如下:

(1) 把 y 看作常数,对 x 求导得 $\dfrac{\partial f(x,y)}{\partial x}=2x+y$;

(2) 把 x 看作常数,对 y 求导得 $\dfrac{\partial f(x,y)}{\partial y}=x+2y$。

根据式(3.5),该函数的梯度为 $\mathrm{grad}(f)=(2x+y,x+2y)$。

下面还是以二元函数 $z=f(x,y)=x^2+y^2+xy$ 为例来说明函数值随自变量的变化而变化的情况。图 3.28 是该函数的三维几何图。图中可以看出,不同的 (x,y) 坐标点,z(函数值)有着不同值。可以把这个三维函数图形象地理解为一座水池的表面,x 和 y 构成水平面,z 为水池表面上任意一个点的高度值。在图中有个 P 点 $(1,1,3)$,其在 x 和 y 水平面上的坐标为 $(1,1)$,对应的高度 z 值为 3。给该点的 x 和 y 分别加上一个数值 Δx 和 Δy,得到一个新点 P1,其在水平面上的坐标为 $(x+\Delta x,y+\Delta y)$,根据函数也可以计算出 P1 点对应的 z 值,那么在三维图中可以标记点 P1$(x+\Delta x,y+\Delta y,z_{\mathrm{new}})$。这个过程可以看作从 P 点移动到了 P1 点,如果 P1 的 z 值大于 P,则说明是在往高处走,反之则是往水池底部走,差值为高度变化值。

因为梯度方向是函数值增加最快的方向,如果要最快到达水池底部,就应该沿着梯度反方向移动,即在任意一个点,其水平坐标是 (x,y),每次变化时的 Δx 和 Δy 的比例都需要为 $(2x+y)/(x+2y)$,且 Δx 和 Δy 均取负值,而 Δx 和 Δy 的绝对值大小与步长相关。

下面进一步说明梯度方向。为了更清楚地演示函数的自变量 x、y 变化对函数值 z 的影响,图 3.29 是图 3.28 的水平投影,即图 3.29 中的每个 (x,y) 点就是图 3.28 中的 (x,y) 坐标。当 Δx 和 Δy 取不同值时,图中可以看出,任何一个新点对于 P 点都存在一个方向,图中的 P_t 和 P_x 可用看作是对 P 点的 x 和 y 坐标增加不同的 Δx 和 Δy 值得到。很显然,变化量 Δx 和 Δy 取不同的值,会让新点位于 P 的不同方向上,即这个方向由 Δx 和 Δy 的比例和符号决定,也可以用新点(如图中的点 P_x)到 P 点的直线与水平方向的夹角来描述(如图中的 θ)。

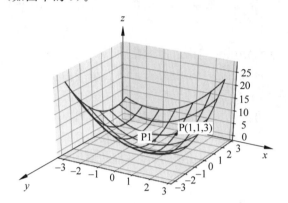

图 3.28　函数 $z=x^2+y^2+xy$ 的三维图

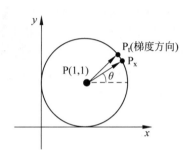

图 3.29　P 点在水平平面上的投影及与
P 点相距为 1 的动点轨迹

为了描述函数值 z 在 P 点往不同方向移动时的变化率,这里对 Δx 和 Δy 的变化设置一个限制条件:$(\Delta x)^2+(\Delta y)^2=1$。这个限制条件的含义是:这个值 1 代表步长,步长为 1 表示从 P 点在水平平面上往四周任意一个方向走一步距离,到达一个新点。对应到三维图中,通过函数 f 可以计算出任意新点对应的 z 值。显然,沿不同方向走一步,对应的 z 值不同,即此时的 z 值变化量不同;因为 (x,y) 的步长为 1,则该值也是函数值在该点的变化率。以平面中的 P 点 $(1,1)$ 为例,一些新点相对于 P 的方向及对应的 z 值变化量如表 3.5 所示。

表 3.5　从 P 点往不同方向走 1 步时 z 值的变化量

新点	Δx	Δy	$(x+\Delta x, y+\Delta y)$	z_{new}	角度 θ	z 的变化量
P1	1	0	$(2,1)$	7	0°	4
P2	$\frac{\sqrt{3}}{2}$	$\frac{1}{2}$	$\left(1+\frac{\sqrt{3}}{2},\frac{3}{2}\right)$	$\frac{11}{2}+\frac{7\sqrt{3}}{4}$	30°	$\frac{5}{2}+\frac{7\sqrt{3}}{4}\approx 4.975$
P3	$\frac{\sqrt{2}}{2}$	$\frac{\sqrt{2}}{2}$	$\left(1+\frac{\sqrt{2}}{2},1+\frac{\sqrt{2}}{2}\right)$	$\frac{9}{2}+3\sqrt{2}$	45°	$\frac{3}{2}+3\sqrt{2}\approx 5.743$
P4	$-\frac{1}{2}$	$\frac{\sqrt{3}}{2}$	$\left(\frac{1}{2},1+\frac{\sqrt{3}}{2}\right)$	$\frac{5}{2}+\frac{5\sqrt{3}}{4}$	120°	$-\frac{1}{2}+\frac{7\sqrt{3}}{4}\approx 1.975$
P5	-1	0	$(0,1)$	2	180°	1

从该表可以看出,从 P 点往不同方向走一步,z 值的变化量不同。那么往哪个方向上走,z 的增加量最大呢?

从函数梯度角度来看,函数 f 在 $(1,1)$ 点处,梯度 $\Delta f=(2x+y,2y+x)=(3,3)$。当 Δx 和 Δy 的变化比例与梯度中的偏导数比例相同时,即 $\dfrac{\Delta x}{\Delta y}=\dfrac{3}{3}=1$ 时,z 值增加最快,有

$$\Delta x = \Delta y = \frac{\sqrt{2}}{2}$$（45°方向，即 P3 点方向），这个方向就是 P(1,1)点的梯度方向。表 3.5 只是给出了一些示例数据,还可以带入其他数据验证,P3 点方向的 z 值变化量最大。

3.4.2　多层神经网络的结构和工作过程

感知机只能训练最后一层神经元的权值参数,而反向传播算法则可以用来在多层神经网络的训练过程中调整各层神经元的权值参数。

1. 多层人工神经网络的结构

多层人工神经网络是由大量神经元按多个层次排列、经广泛互连而成的人工神经网络,用来模拟脑神经系统的结构和功能。网络中每一个神经元都和感知机模型一致,都包含对输入数据进行加权乘法的权值(含偏置)、求和运算、激活函数三个部分,激活函数的输出结果为该神经元的输出。图 3.30 所示是一个多层的人工神经网络(输入层只是数据而不是神经元,不算入神经网络层)。每个输入都连接到神经网络中第一层的所有神经元,每个神经元的输出也连接到下一层的所有神经元,因此也称为全连接神经网络。

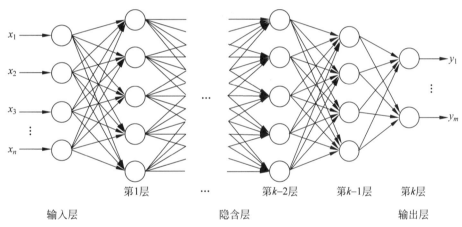

图 3.30　k 层的人工神经网络结构

2. 多层人工神经网络中神经元的激活函数

在多层神经网络中,为了便于采用反向传播(BP)算法进行权值参数学习,不使用感知机中的线性阶跃函数 $\mathrm{sgn}(x)$ 作为激活函数,而是采用 Sigmoid 函数。Sigmoid 函数的数学描述如式(3.6)所示。

$$f(x) = \frac{1}{1 + \mathrm{e}^{-x}} \tag{3.6}$$

其对应的函数图像如图 3.31 所示。它可以将任何输入数值压缩在(0,1)范围内。当神经网络用于进行二分类时,输出层可以只使用一个神经元,用 0 和 1 两个数值分别代表两个类别。在计算过程中,如果样本数据对应的类别是 1,那么希望整个神经网络的输出尽量接近 1;如果样本数据对应的类别是 0,那么希望整个神经网络的输出尽量接近 0。神经网络的学习过程(训练过程)就是尽量调整网络中各个神经元的权值参数,使输出分别接近 0 或者 1。但通常在进行多分类时,有几个类别输出层就采用几个神经元,每个神经元的输出就代表输入数据为某一个类别的概率。采用两个神经元输出进行两个类别的分类时,一个神经元的输出代表输入数据为类别 0 的概率,另一个输出则代表输入数据为类别 1 的概率,取输出的概率值最大的那个神经元所对应的类别为整个神经网络判断的类别。

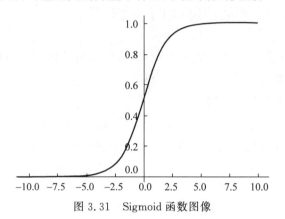

图 3.31　Sigmoid 函数图像

引入 Sigmoid 函数到网络中的原因是:在感知机中,输出数据仅仅由一个简单的线性函数计算得出,其复杂性有限,对数据的表示能力较弱,无法学习和处理图像、视频、音频等复杂类型的数据。而 Sigmoid 函数作为激活函数有如下优势:(1)把输出值限定在 $(0,1)$ 之间,便于调节;(2)该函数的求导形式简单,为 $f'(x)=f(x)(1-f(x))$,便于计算梯度。

3. 多层人工神经网络的工作过程

多层人工神经网络的工作过程包含两个部分:正向(前向)传播得出网络输出;利用误差反向传播算法进行权值参数调整的学习过程。

1)正向(前向)传播过程

每个神经元的正向计算过程和感知机模型神经元一致,只是激活函数替换为 Sigmoid 函数。每个神经元进行计算,如式(3.7)所示。

$$y = \text{Sigmoid}\left(\sum_{i=1}^{n} w_i x_i + b\right) \tag{3.7}$$

其中,y 表示该神经元的输出,n 表示该神经元共有 n 个输入(输入层不是神经网络层),w_i 表示该神经元的第 i 个输入的权值参数,x_i 表示该神经元的第 i 个输入值,b 表示该神经元的偏置。

为了计算过程中的统一表示和简化公式,也把偏置 b 作为一个值固定为 1 的输入,用 x_0 表示,用 x_0 与一个可变的权值参数 w_0 的乘积来代替偏置 b,则计算公式等价变换为式(3.8)。

$$y = \text{Sigmoid}\left(\sum_{i=1}^{n} w_i x_i + w_0 x_0\right) = \text{Sigmoid}\left(\sum_{i=0}^{n} w_i x_i\right) \tag{3.8}$$

其中 x_0 为固定的输入值 1。

正向计算过程为:根据上面的公式,从第一层神经网络开始,逐层计算每个神经元的输出,最终得到最后一层神经元的输出值。在应用该神经网络时,就根据类别判定规则,把输出值转换为类别结果。

　　2）利用误差反向传播算法进行权值参数学习

　　在多层神经网络最初建立的时候，各个权值参数都是未知的，通常被设置为随机值。显然，这时候正向计算出来的结果存在误差。误差反向传播算法就是利用这个误差来调整神经网络中的所有权值参数，让重新正向计算出来的误差减小。当误差值降低到可接受的程度就结束学习过程，这时候的神经网络就可以使用了。当然，这个神经网络不一定能对所有输入都得出百分之百正确的结果，其错误率符合预期、能被接受就可以。

　　误差反向传播算法的具体学习过程如下：

　　(1) 确定训练数据集，其中的每一个样本都由输入信息和期望的输出结果两部分组成；

　　(2) 从训练集中选取任一样本，把样本的输入信息作为网络输入；

　　(3) 进行正向传播，逐层计算出各个神经元处理后的结果，最终得到最后一层神经元的输出结果；

　　(4) 计算神经网络最后一层神经元的输出结果与期望的输出结果之间的误差；

　　与感知机有所不同，在误差反向传播算法中，不是直接使用期望的输出值减去网络输出值作为误差评价，而是使用一个损失函数来评价网络模型的效果，即评价该神经网络模型的期望值与真实值之间的差距。一般可以采用平方差函数，如式(3.9)所示。

$$E = \frac{1}{2} \sum (O_{\text{target}} - O_{\text{output}})^2 \tag{3.9}$$

其中 O_{target} 为期望输出值，而 O_{output} 为实际输出值；总误差为最后一层所有神经元的误差平方和；前面的 1/2 是为了便于求导计算，对整个误差值的缩放不影响网络运行。

　　(5) 根据上面得到的总误差 E，采用梯度的概念对网络中所有权值参数进行调整，使得调整后的网络总误差减小。权值参数的调整基于函数梯度反方向为函数值(这里的误差)减小最快的方向这一规则，其基本原理分析如下。

　　因为总误差是由于网络中的所有权值参数设置不合理导致的，而在网络训练过程中，网络输入值是给定的，所有权值参数都可以改变，因此总误差与权值参数的关系可以看作一个关于各个权值参数的函数，如式(3.10)所示。

$$E = f(w_0, w_1, w_2, \cdots, w_{L-1}) \tag{3.10}$$

其中，L 为网络中权值参数的总个数。

　　网络训练的目的就是通过调整权值参数来让网络总误差减小到可接受的程度。根据前面对多元函数的梯度的介绍可知：为了让 E 最快减小，让各个权值参数同步按照梯度反方向来改变就可以实现，而梯度就是由函数对于各个权值参数的偏导数构成，那么就需要求各个参数的偏导数。

　　在实际计算中，由于网络层次深、权值参数多，神经网络中前面一些层次的权值参数的偏导很难直接计算，因此引入了数学中的链式求导法则，可以从后往前逐层累积偏导数并保存(偏导数与误差相关，因此称为误差反向传递)，从而简化前面层次神经元权值参数的偏导数计算。

　　(6) 对训练样本集中的每一个样本，重复执行步骤(3)～(5)，直到整个训练样本集的总误差达到要求时为止。

3.4.3 实现异或运算的多层神经网络案例

1. 异或运算介绍

异或运算是一种逻辑运算,硬件上可以用异或运算电路实现。单层感知机只能实现与运算和或运算,无法实现异或运算。异或运算的规则是:输入两个值,分别为 0 或 1,如果同为 0 或 1,结果为 0(表示假);如果两个值不同,则结果为 1。其真值表如表 3.6 所示。

表 3.6 异或逻辑运算真值表

x_1	x_2	y
0	0	0
0	1	1
1	0	1
1	1	0

2. 多层神经网络结构以及应用过程

用于实现异或运算的多层神经网络可以设计为如图 3.32 所示的结构:输入层为两个输入数据 x_1、x_2;第一层包含两个神经元,分别是 $H1$、$H2$;第二层(输出层)也包含两个神经元,分别为 $Y1$、$Y2$,各自输出类别结果为假(0)和为真(1)的概率;并在输入层和除输出层之外的神经网络层中都设置固定的输入值 1,通过相应权值来取代下一层神经元中的偏置值。

每个输入数据为 0 或者 1;在网络训练时,用 $Y1$ 输出为 1 作为输入数据是类别 0 的期望输出值(标签值),并同时期望此时 $Y2$ 输出尽量为 0,则类别 0 的期望输出是 $[oy_1, oy_2] = [1, 0]$,以此计算误差;用 $Y2$ 输出为 1 作为类别 1 的期望输出值(标签值),并期望此时 $Y1$ 输出尽量为 0,则类别 1 的期望输出是 $[oy_1, oy_2] = [0, 1]$,以此计算误差。而在使用网络时,比较两个神经元输出值的大小,以输出值最大的神经元所对应的类别为分类结果。

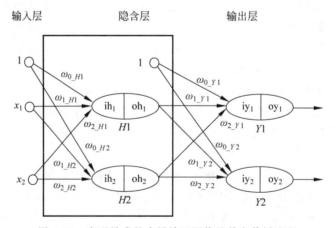

图 3.32 实现异或的多层神经网络及前向传播流程

该神经网络前向传播时,神经元采用 Sigmoid 函数作为激活函数,下面用 f 代替,即 $f(x) = \dfrac{1}{1 + e^{-x}}$。如图 3.32 所示,根据神经元的输出计算公式,各个数据的计算过程如下。

（1）从输入层到隐含层的计算为：

$$\mathrm{ih}_1 = w_{0\_H1} + x_1 w_{1\_H1} + x_2 w_{2\_H1}$$

$$\mathrm{ih}_2 = w_{0\_H2} + x_1 w_{1\_H2} + x_2 w_{2\_H2}$$

$$\mathrm{oh}_1 = f(\mathrm{ih}_1)$$

$$\mathrm{oh}_2 = f(\mathrm{ih}_2)$$

（2）从隐含层到输出层的计算为：

$$\mathrm{iy}_1 = w_{0\_Y1} + \mathrm{oh}_1 w_{1\_Y1} + \mathrm{oh}_2 w_{2\_Y1}$$

$$\mathrm{iy}_2 = w_{0\_Y2} + \mathrm{oh}_1 w_{1\_Y2} + \mathrm{oh}_2 w_{2\_Y2}$$

$$\mathrm{oy}_1 = f(\mathrm{iy}_1)$$

$$\mathrm{oy}_2 = f(\mathrm{iy}_2)$$

到此时，前向传播已经完成。根据最后两个神经元的输出结果，可以判定预测结果。

以异或真值表中的第一个样本$(0,0,0)$为例，假设神经网络的权值参数为：$w_{0\_H1} = w_{0\_H2} = 3$，$w_{0\_Y1} = w_{0\_Y2} = -3$，$w_{1\_H1} = w_{1\_H2} = 1$，$w_{1\_Y1} = w_{1\_Y2} = -1$，$w_{2\_H1} = w_{2\_H2} = -1$，$w_{2\_Y1} = w_{2\_Y2} = 1$。代入数据可得如下计算过程。

（1）从输入层到隐含层：

$$\mathrm{ih}_1 = w_{0\_H1} + x_1 w_{1\_H1} + x_2 w_{2\_H1} = 3 + 0 \times 1 + 0 \times (-1) = 3$$

$$\mathrm{ih}_2 = w_{0\_H2} + x_1 w_{1\_H2} + x_2 w_{2\_H2} = 3 + 0 \times 1 + 0 \times (-1) = 3$$

$$\mathrm{oh}_1 = f(\mathrm{ih}_1) = 0.9526$$

$$\mathrm{oh}_2 = f(\mathrm{ih}_2) = 0.9526$$

（2）从隐含层到输出层：

$$\mathrm{iy}_1 = w_{0\_Y1} + \mathrm{oh}_1 w_{1\_Y1} + \mathrm{oh}_2 w_{2\_Y1} = -3$$

$$\mathrm{iy}_2 = w_{0\_Y2} + \mathrm{oh}_1 w_{1\_Y2} + \mathrm{oh}_2 w_{2\_Y2} = -3$$

$$\mathrm{oy}_1 = f(\mathrm{iy}_1) = 0.0474$$

$$\mathrm{oy}_2 = f(\mathrm{iy}_2) = 0.0474$$

在这个例子中，由于神经网络的参数不合理，两个神经元输出的值一样，无法正确判断输入数据对应的类别，说明当前存在较大误差。

3. 神经网络的权值参数训练过程（学习过程）

设置学习率为 0.5，初始神经网络的权值参数为：$w_{0\_H1} = w_{0\_H2} = 3$，$w_{0\_Y1} = w_{0\_Y2} = -3$，$w_{1\_H1} = w_{1\_H2} = 1$，$w_{1\_Y1} = w_{1\_Y2} = -1$，$w_{2\_H1} = w_{2\_H2} = -1$，$w_{2\_Y1} = w_{2\_Y2} = 1$，进行 2000 轮训练（每轮均把 4 个样本依次送进去）。部分训练中间数据如下所示（计算过程较为复杂，这里只给出结果）。

1）第一轮训练

第一个样本前向计算的结果如表 3.7(a)所示，反向调整权值参数的结果如表 3.7(b)所示。

表 3.7　第一个样本的相关计算

(a) 第一个样本前向计算的结果

序号	样本输入	样本值 y	$H1$ 输出	$H2$ 输出	$Y1$ 输出	$Y2$ 输出	总误差
1	(0,0)	0	0.9526	0.9526	0.0474	0.0474	0.4548

(b) 根据第一个样本的误差反向调整权值的结果

	$H1$ 权值调整	$H2$ 权值调整	$Y1$ 权值调整	$Y2$ 权值调整
调整前	(3.0, 1.0, −1.0)	(3.0, 1.0, −1.0)	(−3.0, −1.0, 1.0)	(−3.0, −1.0, 1.0)
调整后	(2.9991, 1.0, −1.0)	(3.0009, 1.0, −1.0)	(−2.9785, −0.9795, 1.0205)	(−3.0011, −1.0010, 0.9990)

第二个样本前向计算的结果如表 3.8(a)所示,反向调整权值参数如表 3.8(b)所示。

表 3.8　第二个样本的相关计算

(a) 第二个样本前向计算的结果

序号	样本输入	样本值 y	$H1$ 输出	$H2$ 输出	$Y1$ 输出	$Y2$ 输出	总误差
2	(0,1)	1	0.8807	0.8809	0.0501	0.0473	0.4551

(b) 根据第二个样本的误差反向调整权值的结果

	$H1$ 权值调整	$H2$ 权值调整	$Y1$ 权值调整	$Y2$ 权值调整
调整前	(2.9991, 1.0, −1.0)	(3.0009, 1.0, −1.0)	(−2.9785, −0.9795, 1.0205)	(−3.0011, −1.0010, 0.9990)
调整后	(2.9969, 1.0, −1.0021)	(3.0030, 1.0, −0.9979)	(−2.9797, −0.9806, 1.0194)	(−2.9796, −0.9821, 1.0179)

第三个样本前向计算的结果如表 3.9(a)所示,反向调整权值参数的结果如表 3.9(b)所示。

表 3.9　第三个样本的相关计算

(a) 第三个样本前向计算的结果

序号	样本输入	样本值 y	$H1$ 输出	$H2$ 输出	$Y1$ 输出	$Y2$ 输出	总误差
3	(1,0)	1	0.9820	0.9821	0.0501	0.5000	0.4525

(b) 根据第三个样本的误差反向调整权值的结果

	$H1$ 权值调整	$H2$ 权值调整	$Y1$ 权值调整	$Y2$ 权值调整
调整前	(2.9969, 1.0, −1.0021)	(3.0030, 1.0, −0.9979)	(−2.9797, −0.9806, 1.0194)	(−2.9796, −0.9821, 1.0179)
调整后	(2.9966, 0.9996, −1.0021)	(3.0034, 1.0004, −0.9979)	(−2.9809, −0.9817, 1.0183)	(−2.9570, −0.9600, 1.0400)

同样可获得第四个样本的前向计算结果,并根据其误差反向调整权值,具体数据略。

2) 第 2 轮到第 1999 轮训练

每轮训练均与第 1 轮训练的方法相同,依次输入 4 个样本,获得前向计算结果,并根据其误差反向调整权值,具体数据略。

3) 第 2000 轮训练

前 3 个样本输入和调整的具体数据略。

第四个样本前向计算的结果如表 3.10(a)所示,反向调整权值参数的结果如表 3.10(b)所示。

表 3.10 第四个样本的相关计算

(a) 第 2000 轮训练中第四个样本前向计算的结果

序号	样本输入	样本值 y	$H1$ 输出	$H2$ 输出	$Y1$ 输出	$Y2$ 输出	总误差
2000	(1,1)	0	0.9747	0.0434	0.9569	0.0394	0.0017

(b) 第 2000 轮训练中根据第四个样本的误差反向调整权值的结果

	$Y1$ 权值调整	$Y2$ 权值调整	$H1$ 权值调整	$H2$ 权值调整
调整前	(3.8150, 7.0850, −7.2480)	(−2.7650, 5.2205, −5.5488)	(−3.1110, 6.6936, −7.1688)	(3.1646, −6.8536, 7.4133)
调整后	(3.8153, 7.0852, −7.2477)	(−2.7655, 5.2100, −5.5492)	(−3.1110, 6.6944, −7.1688)	(3.1638, −6.8544, 7.4133)

4. 神经网络的使用

通过上述 2000 次训练之后,得到整个网络的权值参数如表 3.11 所示。

表 3.11 整个网络的权值参数

$H1$ 的权值	$H2$ 的权值	$Y1$ 的权值	$Y2$ 的权值
[3.8153, 7.0852, −7.2477]	[−2.7655, 5.2200, −5.5492]	[−3.1110, 6.6944, −7.1688]	[3.1638, −6.8544, 7.4133]

使用该网络的时候直接输入数据,让网络根据上述参数进行前向计算,得出结果。各异或计算的输入与对应计算结果如表 3.12 所示,每个分类结果为异或运算的正确结果。因此,该网络能够正确实现异或运算。

表 3.12 使用该神经网络得到的分类结果

序号	异或运算的输入	$Y1$ 输出 oy1	$Y2$ 输出 oy2	较大概率	分类结果(即异或运算结果)
1	(0,0)	0.9532	0.0429	0.9532	0
2	(0,1)	0.0520	0.9503	0.9503	1
3	(1,0)	0.0466	0.9584	0.9584	1
4	(1,1)	0.9571	0.0393	0.9571	0

3.4.4　梯度消失与梯度爆炸问题

BP算法基于梯度下降策略,以目标的负梯度方向对参数进行调整。但在神经网络中,由于较前层上的梯度是较后层上梯度的乘积,当存在过多的层时,就会出现梯度不稳定的情况,靠近输入层的隐含层或会消失,或会爆炸。

更进一步地讲,就是在对激活函数进行求导时,如果该求导结果大于1,那么层数增多的时候,最终求出的梯度更新将以指数级增加,即发生梯度爆炸;如果此部分小于1,那么随着层数增多,求出的梯度更新信息将以指数级衰减,即发生梯度消失。

3.5　深度学习的卷积神经网络模型原理

卷积神经网络(CNN)主要模仿生物大脑皮层中神经网络工作的局部感受和分层处理的特点,构造多层/深层神经网络来处理图像等数据(现在也用于自然语言处理等各个领域)。卷积神经网络结构中包括卷积层、池化层、全连接层等不同类型的层次,其中每个神经元对上一层神经元的输出数据进行不同类型的处理。其主要特征是在卷积层采用局部连接和权值共享的方式进行连接,大大降低了权值参数的数量,而池化层可以大幅降低输入维度,从而降低网络复杂度,因此可以构造比较深的神经网络,实现深度学习。下面对这些概念和技术进行讨论。

3.5.1　计算机中的图像

计算机在处理图像时,首先将图像以点阵方式表示和存储。一幅图像的尺寸表示该图像在水平方向和垂直方向上分别有多少个像素(像素是图像处理的最小单位)。根据每个像素的颜色表示方式,计算机中的图像可以分为三类:二值图像、灰度图像、彩色图像。

二值图像是指图像中的点只有黑、白两种颜色,可以直接用1位二进制值0表示黑色点,1位二进制值1表示白色点。一幅图像有多少行、列的像素,图像就可以用多少个二进制的0或1来排列成行、列的形式表示。

灰度图像是二值图像的"进化"版,将每个像素的颜色值从黑到白分为256级,黑色为0,白色为255,中间的值代表不同程度的灰色(也叫灰度值),数值越大代表这个像素越白(或越亮),数值越小代表像素越黑(或越暗)。

现实世界中的彩色由红、绿、蓝三原色构成。计算机在表示和存储彩色图像时,对每个像素采用了3个值来分别描述构成该像素的红(R)、绿(G)、蓝(B)3个颜色。每个描述红色、绿色、蓝色的值也可以分别分为256级。

图3.33展示了人眼看到的灰度图像及其在计算机中存储的灰度值。左图方框框出来的区域中,左上角比较亮,其最左上角那个点的颜色值为193;右上角比较暗,最右上角那个点的颜色值为118。

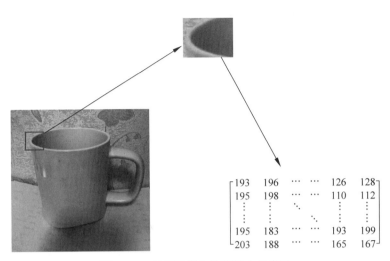

图 3.33 灰度图像在计算机中的表示

3.5.2 卷积运算

为了让图像中的某些特征更加显著,往往需要进行一些处理。例如,为了便于对图像进行分割或对图像的纹理特征、形状特征进行分析,需要强化图像的轮廓或边缘信息;为了让图像看起来更清晰,会对图像进行锐化处理;为了降低图像预处理时的噪声,会对图像进行平滑/模糊处理。具体处理效果如图 3.34 所示。

原图	效果图	效果说明
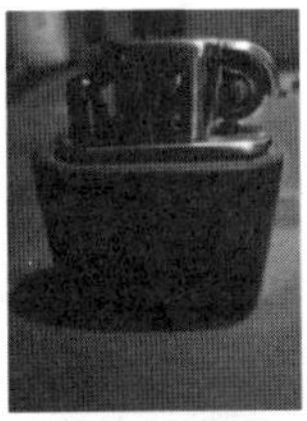	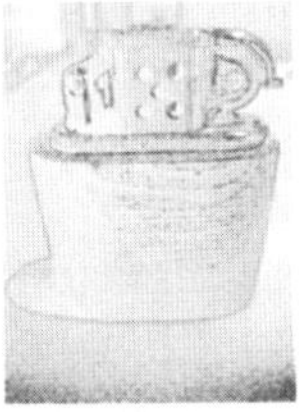	边缘检测:突出图像的边缘信息,给出了图像轮廓的位置
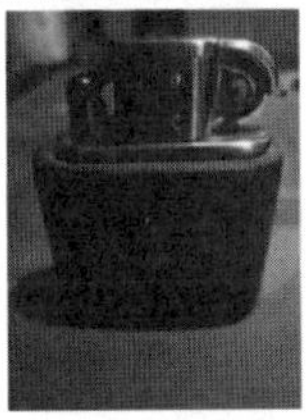	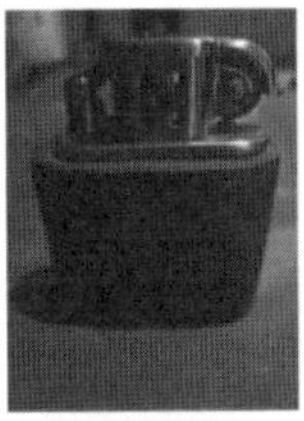	锐化操作:补偿图像的轮廓,增强图像的边缘及灰度跳变部分,使图像变得更加清晰
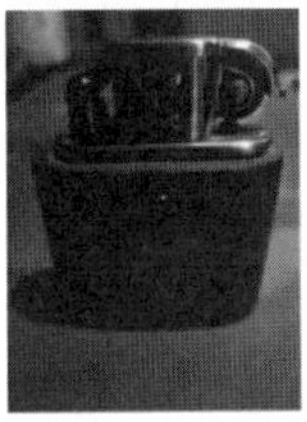	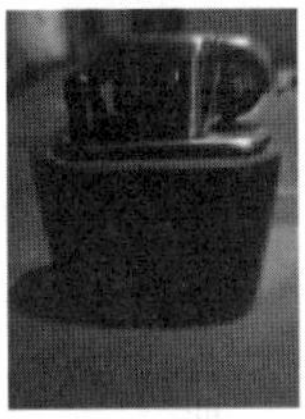	模糊操作:图像中物体对象和内部边缘变得相对平滑,使得图像变得模糊

图 3.34 图像的各种处理效果

这些效果的实现通常采用一种称为卷积运算的方法,对原始图像的各个像素值进行运算得到,不同的效果就是采用了不同的卷积核参数进行运算。下面通过一个具体的案例,来对卷积核和卷积运算过程进行介绍。

首先假设有一个尺寸是 4×4 的灰度图像,用一个 4×4 矩阵表示,每个像素的灰度值用英文字母 $a \sim p$ 来代表,如图 3.35(a)所示。

卷积核是一个矩阵,里面的参数一般是根据经验来人为设置。图 3.35 中是一个尺寸为 2×2 的卷积核,卷积核中的参数用数字编号 $1 \sim 4$ 来代表。

卷积计算过程如图 3.35 所示,卷积核从图像的左上方开始,从左至右、从上到下依次滑动,每次滑动可以间隔一个或多个像素,称为步长。每滑动一次,就将卷积核中的各个参数与对应图像区域的像素值进行点乘运算(即对应点的数值相乘,最后对所有乘积相加),得到新图像的一个像素值。随着滑动的进行,得到的像素值将构成一个新的图像,作为卷积计算的最终结果(也称为特征图)。还可以根据需要,对特征图中每个值都乘以一个系数来进行整体缩放。图 3.35 所示是按水平方向和垂直方向步长均为 1(每次滑动一个点)进行计算得到的特征图各像素值,也是用符号来表示。点乘计算中的对应点如图 3.35(a)中双向箭头所示,计算特征图左上角的像素值 Ⅰ 时,像素 a 与卷积核参数 1 相对应,像素 b 与卷积核参数 2 相对应,像素 e 与卷积核参数 3 相对应,像素 f 与卷积核参数 4 相对应,因此 Ⅰ $=a \times 1+b \times 2+e \times 3+f \times 4$,以此类推。

从上述计算中可以看出,用卷积核每做一次计算,可以得出特征图中的一个像素,即这个像素包含了原始图像中对应 4 个像素的信息,因此可以理解为该像素包含了原始图像的部分信息。同时,卷积核的尺寸也意味着视觉感受区域(也称为感受野(Receptive Field))的大小。

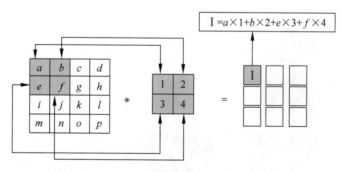

(a) 特征图中像素值 Ⅰ 的计算

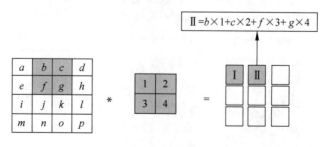

(b) 特征图中像素值 Ⅱ 的计算

图 3.35 卷积计算过程

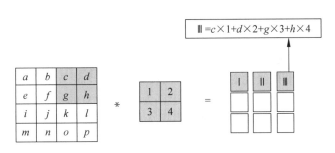

(c) 特征图中像素值Ⅲ的计算

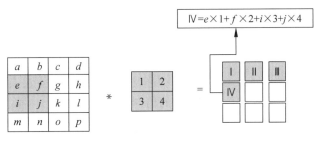

(d) 特征图中像素值Ⅳ的计算

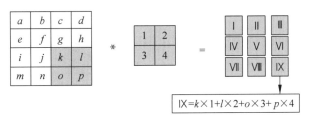

(e) 特征图中像素值Ⅸ的计算

图 3.35 （续）

对于由三原色(红、绿、蓝)构成的彩色图像，则需要把三种原色当作三个独立的图(也称为三个通道)，各使用一个卷积核来处理，然后将处理后的三个特征图上的对应像素值直接通过求和方式叠加，得到该彩色图像的特征图。如图 3.36 所示，每个通道图像的尺寸是 3×3，卷积核大小是 2×2，卷积和叠加运算后的最终特征图的尺寸是 2×2。

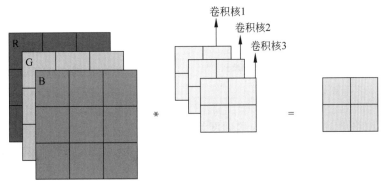

图 3.36 三个通道的卷积处理

　　图像处理中的卷积核通常通过经验来设计,图3.34所示的图像处理效果,可以通过分别对原始图像数据使用图3.37所示的卷积核得到。

　　通过这个案例不难发现,卷积运算是一种通过将图像的各点进行线性变换获取新值的过程,卷积核中的参数可以看作线性变换过程中的权重参数,因此,可以转换为对应的神经网络计算。以前面对$4×4$的灰度图像进行卷积运算为例,其对应的神经网络如图3.38所示。

　　(1) 图像中的每个像素值都是一个输入,因此有16个输入值,分别用字母$a \sim p$表示;特征图的每个点值分别用一个神经元来计算,因此有9个神经元,输出值分别为Ⅰ~Ⅸ。

　　(2) 将图像中进行一次卷积计算用到的4个像素连接到对应的神经元(即每个神经元只有4个输入),4个连接各自的权值正好分别是卷积核的4个参数。

　　如图3.38(a)所示,a,b,e,f 4个点连接到输出Ⅰ的神经元(用$a→$Ⅰ表示a连接到输出Ⅰ的神经元),则有$a→$Ⅰ的权值为编号1,$b→$Ⅰ的权值为编号2,$e→$Ⅰ的权值为编号3,$f→$Ⅰ的权值为编号4。

　　神经元的激活函数取$f(x)=x$,则根据神经网络的前向运算方法有Ⅰ$=a×1+b×2+e×3+f×4$,从而得出特征图中第一个点Ⅰ的值,与卷积运算完全一样。

　　同样,如图3.38(b)所示,e,f,i,j 4个点连接到输出Ⅳ的神经元,则有$e→$Ⅳ的权值为编号1,$f→$Ⅳ的权值为编号2,$i→$Ⅳ的权值为编号3,$j→$Ⅳ的权值为编号4。则Ⅳ$=e×1+f×2+i×3+j×4$,与卷积运算完全一样。

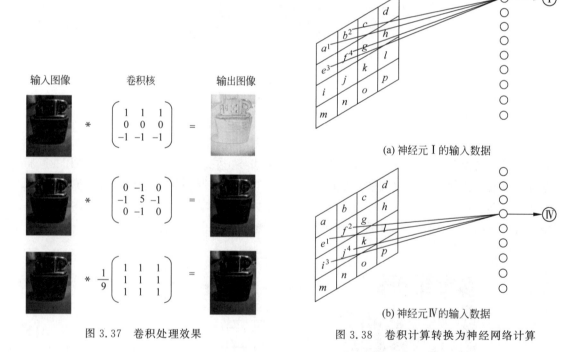

　　　　　　　　　　(b) 神经元Ⅳ的输入数据

　　图3.37　卷积处理效果　　　　图3.38　卷积计算转换为神经网络计算

　　上述神经网络中,每个输入只连接到网络下一层的部分神经元,因此被称为局部连接;同时,输入到神经元的多个连接一共只使用了4个权值,很多连接的权值是相同的,被称为权值共享,如图3.39所示。

　　可以看到,计算点Ⅰ、Ⅱ、Ⅲ、Ⅳ、Ⅴ、Ⅵ、Ⅶ、Ⅷ、Ⅸ时,分别对a、b、c、e、f、g、i、j、k输入使用了相同的权值参数1。

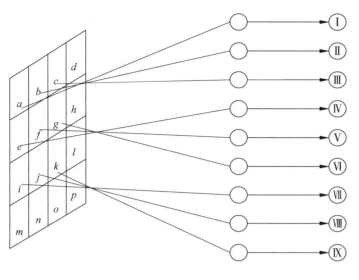

(a) 共享权值参数1的连接

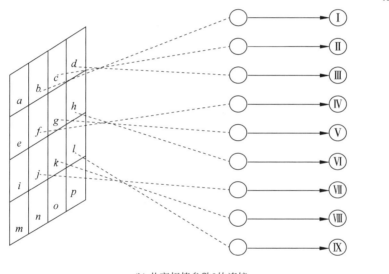

(b) 共享权值参数2的连接

图 3.39 共享权值参数的示意图

其他多条连接分别使用相同权值参数 2、3、4 的情况与此类似。

因此,图像中的卷积计算可以对应成为神经网络计算,且这个神经网络计算具有非全连接和权值共享特征,其结果也同样是基于局部感受野的特征图,从而能够把卷积计算作为神经网络的一部分,称为卷积层。把神经网络卷积层与原来的全连接网络相连接进行计算,还有另外一个很大的好处:不用对卷积核参数(权值参数)进行预先设置,只要有了训练数据,采用 BP 算法反向传递能够自动学习并产生最合适的权值参数。

3.5.3 池化运算

由于高分辨率的图像数据量太大,卷积运算后的特征图点仍然很多,输入到全连接网络时还是存在权值参数多、高计算量的问题。为了减少输入数据量,通常还采用称为池化(pooling)的运算。池化运算实质上就是一种下采样操作,是将一定大小的区域中(称为池化窗口)的多个点值用一个值来代替。

池化运算一般有最大池化和平均池化。最大池化就是取出每块区域像素值里的最大值作为特征图中的一个点值,平均池化则是取区域像素值的平均值,构成特征图的一个点值。池化运算也可以设置步长,一般步长与池化窗口大小相同,如果步长小于池化窗口大小,则称为重叠池化。

下面通过案例来介绍池化运算的过程。如图 3.40 所示,输入一个 4×4 的数字图像,采用 2×2 大小的池化窗口,步长与池化窗口大小相同,则将原图像按 2×2 大小分块,共有 4 块。分别计算出 4 个值作为结果,运算方法为:图中第一块的像素值分别为 2、3、4、5,最大池化则采用其中的最大值 5 作为结果,平均池化则采用平均值

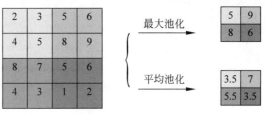

图 3.40　池化运算示例

3.5 作为结果;同理可得到其他所有块的结果。最终得到的最大池化特征图如图 3.40 右上部分所示即 $\begin{bmatrix} 5 & 9 \\ 8 & 6 \end{bmatrix}$,平均池化特征图则如图 3.40 右下部分所示,即 $\begin{bmatrix} 3.5 & 7 \\ 5.5 & 3.5 \end{bmatrix}$。

池化运算能够在减少参数同时保留图像主要特征,还具有平移、旋转、尺度等不变性。如图 3.41 所示,有一个 12×12 的图像,里面有一个数字 7,经过 2×2 的池化窗口进行非重叠最大池化,变成了 6×6 的特征图。从图中可以看出,在保留该图像主要特征的情况下(还是能看出数字 7),将图像缩小到了原图的 1/4 大小,大大减少了对其进行处理的神经网络中的输入,从而减少了权值参数数量。

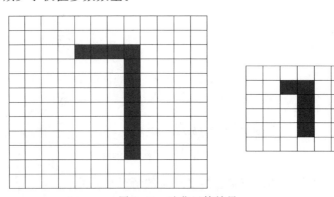

图 3.41　池化运算效果

3.5.4　卷积神经网络中的其他相关技术

1. ReLU 激活函数

在感知机中,神经元使用阶跃函数作为激活函数;基于 BP 算法的多层神经网络通常使用 Sigmoid 激活函数;而在卷积神经网络中,为了避免网络层次带来的梯度爆炸和梯度消失问题,也为了简化运算,采用了线性整流(Rectified Linear Unit,ReLU)函数作为激活函数。ReLU 函数公式非常简单,如式(3.11)所示:

$$f(x) = \max(0, x) \qquad (3.11)$$

就是如果输入为负值则输出 0,输入为正值就直接输出。其函数图像如图 3.42 所示。

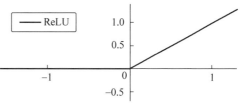

图 3.42　ReLU 函数图像

2. softmax 函数

在前面的反向传播神经网络中,采用 Sigmoid 函数作为激活函数,输出范围是(0, 1),可以直接作为输入数据属于某个类别的概率。而卷积神经网络采用 ReLU 函数作为激活函数,网络的输出值范围为 0 到正无穷,导致在进行网络训练的时候难以设置类别在训练时的标签值(没有一个合适的数值可以作为某个类别的标签值)。因此,对最后一层神经元的输出使用 softmax 函数进行归一化处理,得到 0～1 之间的概率,就可以用作属于某个类别的训练标签。

假设输出层有 K 个神经元(实现 K 个类别的分类),每个神经元输出值为 a_i($0 \leqslant a_i < \infty$),则可以将这 K 个输出值采用如式(3.12)所示的 softmax 函数公式转换为概率 y_i,转换后的各个 y_i 的总和为 1。

$$y_i = \frac{e^{a_i}}{\sum_{i=1}^{K} e^{a_i}} \qquad (3.12)$$

也就是把输出的具体数值转换为其在所有输出值的和里面所占的比例,因此可以理解为概率。在使用时,假设神经网络最后一层用 3 个输出神经元进行三分类,如果输出的 3 个数据为[188,10,2],通过 softmax 函数得到[0.94,0.05,0.01]。在训练过程中,就可以用[1,0,0]作为该类别的标签值。根据对应的 softmax 函数的输出值[0.94,0.05,0.01],计算出神经网络的总误差,然后通过反向传播算法来修改网络中所有神经元的权值;如果是在使用神经网络进行类别判断,因为当前 3 个数据中 0.94 是最大的,就用其作为本次分类的判别结果,即分类结果为[1,0,0]对应的类别,而如果实际上类别应该是[0,1,0]或[0,0,1],就说明神经网络对该次输入数据的分类错误。

3. 交叉熵损失函数

在卷积神经网络中,使用 ReLU 函数作为激活函数,输出层中各个神经元的输出数据经过 softmax 函数转化为概率,各个概率之间有关系(总和为 1)。这时,采用交叉熵损失函数(cross entropy loss function)来进行整个网络输出的误差评估将更为有效:误差越大的时候,梯度就越大,参数 w 调整得越快,训练速度也就越快。

对于用于分类的神经网络,如果有 K 个类别,则通常在最后层设置 K 个神经元,每一个神经元输出值对应一个特定类别。即:对于每个训练样本,其标签值为对应的 K 个值(其所属类别对应位置的值为 1,其余为 0);在网络训练时,样本数据通过神经网络计算,最后层的每个神经元都会有一个输出值,这些值通过 softmax 函数转换为 K 个总和为 1 的概率(概率最大的那个神经元对应的类别就是神经网络预测的该样本所属的类别)。假设对于某个训练样本,标签记为[$s_1, s_2, \cdots, s_k$](K 个值中,只有位于其对应类别位置的值是 1,其余是 0),而神经网络通过 softmax 函数转换的实际输出记为[$y_1, y_2, \cdots, y_k$],这些值的总和为 1,而通常每个值均不为 0 或 1,因此网络输出与标签之间存在误差。用于计算该样本训练输出误差的交叉熵损失函数如式(3-13)所示。

$$E = -\sum_{i=1}^{K} p_i \ln(y_i) \tag{3.13}$$

其中,p_i 为输出层第 i 个神经元通过 softmax 转换后的期望输出值,y_i 为实际输出值。举例说明如下。

如果样本数据分为 4 个类别,即类别 1、类别 2、类别 3 和类别 4,则输出层设置 4 个神经元,每个神经元输出值对应 1 个类别,其输出值通过 softmax 函数转化后的值则表示该样本属于该类别的概率。假设有一个训练样本属于类别 1,则其标签值表示为[1,0,0,0],即期望神经网络的输出层 4 个神经元的输出通过 softmax 函数计算后为[1,0,0,0];如果神经网络实际输出为[0.6,0.2,0.1,0.1],表示当前的神经网络参数还不够精确,即认为该样本属于类别 1 的可能性只有 60% 而不是 100%,还有 20% 的可能性属于类别 2,10% 的可能性属于类别 3,10% 的可能性属于类别 4,因此存在误差。通过交叉熵损失函数计算误差如下:

$$\begin{aligned}
E &= -\sum_{i=1}^{K} p_i \ln(y_i) = -[p_1 \ln(y_1) + p_2 \ln(y_2) + p_3 \ln(y_3) + p_4 \ln(y_4)] \\
&= -[1 \times \ln(0.6) + 0 \times \ln(0.2) + 0 \times \ln(0.1) + 0 \times \ln(0.1)] \\
&= 0.5108
\end{aligned}$$

如果神经网络采用批训练方式(即每次训练计算出所有样本的平均误差,进行一次权值参数调整),一次训练采用 N 个样本,则计算每批训练的平均交叉熵损失的函数如式(3.14)所示。

$$E_{\text{avg}} = -\frac{1}{N} \sum_{n=1}^{N} \sum_{i=1}^{K} (p_i \ln(y_i)) \tag{3.14}$$

3.5.5　一个基本的多分类卷积神经网络结构

为了便于介绍卷积神经网络的工作过程,这里设计了一个基本的卷积神经网络,能够用来识别 0 和 1 两个数字的图像。下面将基于这个网络结构来讨论卷积神经网络的训练过程和使用。

1. 基本的卷积神经网络结构

基本的卷积神经网络结构如图 3.43 所示。使用 5×5 的黑白图像作为输入数据;第一层卷积层采用的卷积核大小为(2,2),步长为(1,1),使用 ReLU 激活函数,卷积计算得到的特征图大小为 4×4;对特征图进行 2×2 的非重叠最大池化运算,得到 2×2 的输出数据;把池化输出拉伸成 1×4 的特征向量,输入到全连接层;为了简化网络,这里的全连接层只设置了一层神经元;全连接层的输出通过 softmax 层转换,得出概率输出。由于待分类图像为字符 1 或者字符 0,softmax 层输出的两个概率值[x,y]中,x 表示图像为字符 0 的概率,y 表示图像为字符 1 的概率,取 x 和 y 中最大的值,就得到预测的图像分类结果。在训练过程中,采用随机梯度下降的方法,对每个样本都计算输出误差,并进行反向传播,调整参数,学习率设置为 0.2。

2. 训练样本数据

采用分别为字符 0 和字符 1 的两幅图作为训练样本,其图像和数据表示如表 3.13 所示。

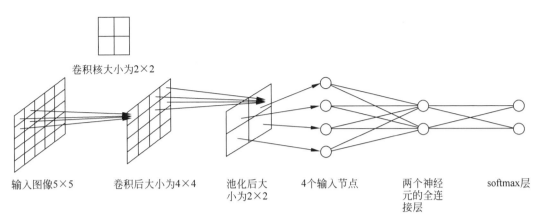

图 3.43　基本的卷积神经网络结构

样本图像为字符 0 时,采用[1,0]作为标签;样本图像为字符 1 时,采用[0,1]作为标签。

表 3.13　训练样本数据

图　　像	各像素的值矩阵	对应的标签
	$\begin{bmatrix} 1 & 1 & 1 & 1 & 1 \\ 1 & 0 & 0 & 0 & 1 \\ 1 & 0 & 0 & 0 & 1 \\ 1 & 0 & 0 & 0 & 1 \\ 1 & 1 & 1 & 1 & 1 \end{bmatrix}$	[1, 0]
	$\begin{bmatrix} 0 & 1 & 1 & 0 & 0 \\ 0 & 1 & 1 & 0 & 0 \\ 0 & 1 & 1 & 0 & 0 \\ 0 & 1 & 1 & 0 & 0 \\ 0 & 1 & 1 & 1 & 0 \end{bmatrix}$	[0,1]

3. 第 1 次训练

1) 设置神经网络中各层的权值初值

设置神经网络中各层的权值初始值(实际算法中通常采用随机生成权值初始值的方法),如表 3.14 所示,卷积层共享一个偏置权值参数 Bias;全连接层有两个神经元,每个神经元有一个代替偏置值的权值和 4 个输入权值。

表 3.14　训练参数数据

训　　练	卷积核参数	全连接层参数
初始	$\text{Weight} = \begin{bmatrix} 1 & 1 \\ 1 & 1 \end{bmatrix}$ $\text{Bias} = \begin{bmatrix} 1 \end{bmatrix}$	$\text{Weight} = \begin{bmatrix} 1 & 1 & 1 & 1 \\ 1 & 1 & 1 & 1 \end{bmatrix}$ $\text{Bias} = \begin{bmatrix} 1 & 1 \end{bmatrix}$

2) 训练过程的前向计算

图 3.44 中标识了字符 0 的训练图像在前向传播计算过程中的部分结果,下面详细介绍计算过程。

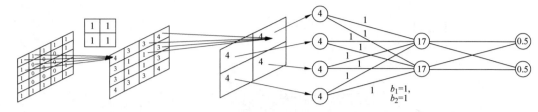

图 3.44　字符 0 的训练图像的前向传播计算

（1）卷积层输出计算。

根据输入图像，最左上角的 4 个点值为 $\begin{bmatrix} 1 & 1 \\ 1 & 0 \end{bmatrix}$，卷积核参数为 $\begin{bmatrix} 1 & 1 \\ 1 & 1 \end{bmatrix}$，根据点乘计算方法，输出值为 $1\times1+1\times1+1\times1+1\times0=3$；再加上偏置值 1，输出点值为 4。同理可计算出输出特征图各个点的值，如下所示：

$$\begin{bmatrix} 1 & 1 & 1 & 1 & 1 \\ 1 & 0 & 0 & 0 & 1 \\ 1 & 0 & 0 & 0 & 1 \\ 1 & 0 & 0 & 0 & 1 \\ 1 & 1 & 1 & 1 & 1 \end{bmatrix} * \begin{bmatrix} 1 & 1 \\ 1 & 1 \end{bmatrix} + \text{Bias} = \begin{bmatrix} 4 & 3 & 3 & 4 \\ 3 & 1 & 1 & 3 \\ 3 & 1 & 1 & 3 \\ 4 & 3 & 3 & 4 \end{bmatrix}$$

（2）池化层输出计算。

采用 2×2 最大池化，最左上角 $\begin{bmatrix} 4 & 3 \\ 3 & 1 \end{bmatrix}$ 的最大池化输出值为 4。同样，可计算出本层输出为 $\begin{bmatrix} 4 & 4 \\ 4 & 4 \end{bmatrix}$。

（3）全连接层输出计算。

对于第 1 个神经元，4 个权值参数均为 1，4 个输入均为 4，偏置为 1，采用 ReLU 作为激活函数，输出为 $y=17$，计算如下：

$$y = f\left(\sum_{i=1}^{n} x_i w_i + b\right) = f(4\times1+4\times1+4\times1+4\times1+1) = 17$$

同样可得，第二个神经元的输出也是 17。

（4）softmax 层输出计算。

根据 softmax 计算公式可得 $y_1=0.5$，计算如下：

$$y_1 = \frac{e^{a_1}}{\sum_{i=1}^{K} e^{a_i}} = \frac{e^{17}}{e^{17}+e^{17}} = 0.5$$

同样计算得到 softmax 输出为 $[0.5,0.5]$。

（5）本次训练输出的误差采用交叉熵评估函数，计算如下：

$$E = -\left(\sum_{i=1}^{K} (y_i \ln(a_i) + (1-y_i)\ln(1-a_i))\right) = -(\ln(0.5)) = 0.6931$$

这里采用批训练，输入两张图像的计算中间过程的数据如表 3.15 所示。

因为两个训练样本图像的误差均为 0.6931，因此总平均误差为 0.6931。

表 3.15　训练结果数据（第 1 次）

训练	输入	卷积激活结果	池化输出	全连接输出	softmax 输出
1	图像 0	$\begin{bmatrix} 4 & 3 & 3 & 4 \\ 3 & 1 & 1 & 3 \\ 3 & 1 & 1 & 3 \\ 4 & 3 & 3 & 4 \end{bmatrix}$	$\begin{bmatrix} 4 & 4 \\ 4 & 4 \end{bmatrix}$	$\begin{bmatrix} 17 & 17 \end{bmatrix}$	$\begin{bmatrix} 0.5 & 0.5 \end{bmatrix}$
	图像 1	$\begin{bmatrix} 3 & 5 & 3 & 1 \\ 3 & 5 & 3 & 1 \\ 3 & 5 & 3 & 1 \\ 3 & 5 & 4 & 2 \end{bmatrix}$	$\begin{bmatrix} 5 & 3 \\ 5 & 4 \end{bmatrix}$	$\begin{bmatrix} 18 & 18 \end{bmatrix}$	$\begin{bmatrix} 0.5 & 0.5 \end{bmatrix}$

（6）采用 BP 算法进行误差反向传播，调整各层参数。

整个神经网络只在卷积层和全连接层有权值参数，采用 BP 算法进行误差反向传播，调整这些权值参数（计算过程略），调整后的参数如表 3.16 所示。

表 3.16　训练参数数据（第 1 次调整）

训练调整	卷积核参数	全连接层参数
1	$\text{Weight} = \begin{bmatrix} 1 & 1 \\ 1 & 1 \end{bmatrix}$ $\text{Bias} = \begin{bmatrix} 1 \end{bmatrix}$	$\text{Weight} = \begin{bmatrix} 0.95 & 1.05 & 0.95 & 1 \\ 1.05 & 0.95 & 1.05 & 1 \end{bmatrix}$ $\text{Bias} = \begin{bmatrix} 1 & 1 \end{bmatrix}$

4. 第 2 次训练

根据第 1 次训练调整后的权值参数，再次进行训练，计算过程的数据如表 3.17 所示。

表 3.17　训练结果数据（第 2 次）

训练	输入	卷积激活结果	池化输出	全连接输出	softmax 输出
2	图像 0	$\begin{bmatrix} 4 & 3 & 3 & 4 \\ 3 & 1 & 1 & 3 \\ 3 & 1 & 1 & 3 \\ 4 & 3 & 3 & 4 \end{bmatrix}$	$\begin{bmatrix} 4 & 4 \\ 4 & 4 \end{bmatrix}$	$\begin{bmatrix} 16.8 & 17.2 \end{bmatrix}$	$\begin{bmatrix} 0.4013 & 0.5987 \end{bmatrix}$
	图像 1	$\begin{bmatrix} 3 & 5 & 3 & 1 \\ 3 & 5 & 3 & 1 \\ 3 & 5 & 3 & 1 \\ 3 & 5 & 4 & 2 \end{bmatrix}$	$\begin{bmatrix} 5 & 3 \\ 5 & 4 \end{bmatrix}$	$\begin{bmatrix} 17.65 & 18.35 \end{bmatrix}$	$\begin{bmatrix} 0.3318 & 0.6682 \end{bmatrix}$

计算总平均误差为 0.6581。采用 BP 算法进行误差反向传播，调整各层参数，调整后的参数如表 3.18 所示。

表 3.18　训练参数数据（第 2 次调整）

训练调整	卷积核参数	全连接层参数
2	$\text{Weight} = \begin{bmatrix} 0.9973 & 1.0066 \\ 0.9913 & 1.0066 \end{bmatrix}$ $\text{Bias} = \begin{bmatrix} 0.9973 \end{bmatrix}$	$\text{Weight} = \begin{bmatrix} 1.0236 & 1.1899 & 1.0236 & 1.1068 \\ 0.9764 & 0.8101 & 0.9764 & 0.8932 \end{bmatrix}$ $\text{Bias} = \begin{bmatrix} 1.0267 & 0.9733 \end{bmatrix}$

5. 第3次训练

根据第2次训练调整后的权值参数,再次进行训练,计算过程的数据如表3.19所示。

表 3.19　训练结果数据(第 3 次)

训练	输入	卷积激活结果	池 化 输 出
3	图像 0	$\begin{bmatrix} 3.9926 & 3.0013 & 3.0013 & 4.0079 \\ 2.9860 & 0.9973 & 0.9973 & 3.0106 \\ 2.9860 & 0.9973 & 0.9973 & 3.0106 \\ 3.9926 & 2.9953 & 2.9953 & 4.0019 \end{bmatrix}$	$\begin{bmatrix} 3.9926 & 4.0079 \\ 3.9926 & 4.0079 \end{bmatrix}$
	图像 1	$\begin{bmatrix} 3.0106 & 4.9993 & 2.9860 & 0.9973 \\ 3.0106 & 4.9993 & 2.9860 & 0.9973 \\ 3.0106 & 4.9993 & 2.9860 & 0.9973 \\ 3.0106 & 4.9993 & 3.9926 & 1.9887 \end{bmatrix}$	$\begin{bmatrix} 4.9993 & 2.9860 \\ 4.9993 & 3.9926 \end{bmatrix}$

训练	输入	全连接输出	softmax 输出
3	图像 0	[18.3985　15.5918]	[0.9430　0.0570]
	图像 1	[19.2329　16.7215]	[0.9249　0.0751]

计算总误差为 1.3240。采用 BP 算法进行误差反向传播,调整各层参数,调整后的参数如表 3.20 所示。

表 3.20　训练参数数据(第 3 次调整)

训练调整	卷积核参数	全连接层参数
3	$\text{Weight} = \begin{bmatrix} 0.9364 & 1.0016 \\ 0.9295 & 0.9818 \end{bmatrix}$ $\text{Bias} = [0.9376]$	$\text{Weight} = \begin{bmatrix} 0.5839 & 0.9366 & 0.5839 & 0.7603 \\ 1.41611 & 1.0634 & 1.4161 & 1.2397 \end{bmatrix}$ $\text{Bias} = [0.9399 \quad 1.0601]$

6. 第 20 次训练

根据前面训练调整后的权值参数,进行 20 次训练后,得到的权值参数如表 3.21 所示。

表 3.21　训练结果数据(第 20 次)

训练	输入	卷积激活结果	池 化 输 出
20	图像 0	$\begin{bmatrix} 2.0578 & 1.9497 & 1.9497 & 2.9989 \\ 0.8587 & 0.3722 & 0.3722 & 2.6205 \\ 0.8587 & 0.3722 & 0.3722 & 2.6205 \\ 1.9078 & 1.5294 & 1.5294 & 2.7286 \end{bmatrix}$	$\begin{bmatrix} 2.0578 & 2.9989 \\ 1.9078 & 2.7286 \end{bmatrix}$
	图像 1	$\begin{bmatrix} 2.6205 & 3.1070 & 0.8587 & 0.3722 \\ 2.6205 & 3.1070 & 0.8587 & 0.3722 \\ 2.6205 & 3.1070 & 0.8587 & 0.3722 \\ 2.6205 & 3.1070 & 1.9078 & 0.4803 \end{bmatrix}$	$\begin{bmatrix} 3.1070 & 0.8587 \\ 3.1070 & 1.9078 \end{bmatrix}$

训练	输入	全连接输出	softmax 输出
20	图像 0	[12.0285　9.3570]	[0.9353　0.0647]
	图像 1	[8.6497　11.3106]	[0.0653　0.9347]

计算总误差为 0.0672。采用 BP 算法进行误差反向传播,调整各层参数,调整后的参数如表 3.22 所示。

表 3.22 训练参数数据(第 20 次调整)

训练调整	卷积核参数	全连接层参数
20	$Weight = \begin{bmatrix} 0.3754 & 1.2171 \\ 0.0984 & 1.0637 \end{bmatrix}$ $Bias = \begin{bmatrix} 0.3721 \end{bmatrix}$	$Weight = \begin{bmatrix} 0.6159 & 1.7581 & 0.5851 & 1.2360 \\ 1.3840 & 0.2418 & 1.4149 & 0.7639 \end{bmatrix}$ $Bias = \begin{bmatrix} 1.0256 & 0.9744 \end{bmatrix}$

从上述计算过程可以看出,损失的误差随着训练次数的增加在不断减小。如果使用更多的图像,进行更多次的训练,就能得到一个很好的、鉴别图像是不是数字 1 的分类器。

7. 使用训练好的 CNN 网络

当输入如表 3.23 所示的字符 0 的图像进行识别时,将图像的矩阵数据输入前面训练好的网络模型中(参数值如表 3.22 所示),可以计算得到如表 3.24 所示的结果。

表 3.23 待识别图像"0"(测试数据)

图像	存储的值矩阵
	$\begin{bmatrix} 0 & 1 & 1 & 1 & 0 \\ 0 & 1 & 0 & 1 & 0 \\ 0 & 1 & 0 & 1 & 0 \\ 0 & 1 & 1 & 1 & 0 \\ 0 & 0 & 0 & 0 & 0 \end{bmatrix}$

表 3.24 测试结果

输 入 数 据	卷积激活结果	池 化 输 出
$\begin{bmatrix} 0 & 1 & 1 & 1 & 0 \\ 0 & 1 & 0 & 1 & 0 \\ 0 & 1 & 0 & 1 & 0 \\ 0 & 1 & 1 & 1 & 0 \\ 0 & 0 & 0 & 0 & 0 \end{bmatrix}$	$\begin{bmatrix} 2.6530 & 2.0631 & 3.0284 & 0.8460 \\ 2.6530 & 0.8460 & 2.6530 & 0.8460 \\ 2.6530 & 1.9097 & 2.7515 & 0.8460 \\ 1.5893 & 1.9647 & 1.9647 & 0.7475 \end{bmatrix}$	$\begin{bmatrix} 2.6530 & 3.0284 \\ 2.6530 & 2.7515 \end{bmatrix}$

全连接输出	softmax 输出
$\begin{bmatrix} 12.9371 & 11.2338 \end{bmatrix}$	$\begin{bmatrix} 0.8460 & 0.1540 \end{bmatrix}$

根据 softmax 输出结果,图像为字符 0 的概率为 0.8460,大于图像为 1 的概率,则分类结果为字符 0,分类正确。

当输入如表 3.25 所示的字符 1 图像进行识别时,将图像的矩阵数据输入前面训练好的网络模型中,可以计算得到如表 3.26 所示的结果。

表 3.25   待识别图像"1"（测试数据）

图像	存储的值矩阵
	$\begin{bmatrix} 0 & 1 & 0 & 0 & 0 \\ 0 & 1 & 0 & 0 & 0 \\ 0 & 1 & 0 & 0 & 0 \\ 0 & 1 & 0 & 0 & 0 \\ 0 & 0 & 0 & 0 & 0 \end{bmatrix}$

表 3.26   测试结果

原 始 数 据	卷 积 激 活 结 果	池 化 输 出
图像 0	$\begin{bmatrix} 2.6530 & 0.8460 & 0.3721 & 0.3721 \\ 2.6530 & 0.8460 & 0.3721 & 0.3721 \\ 2.6530 & 0.8460 & 0.3721 & 0.3721 \\ 1.5893 & 0.7475 & 0.3721 & 0.3721 \end{bmatrix}$	$\begin{bmatrix} 2.6530 & 0.3721 \\ 2.6530 & 0.3721 \end{bmatrix}$

全连接输出	softmax 输出
$\begin{bmatrix} 5.3261 & 8.7740 \end{bmatrix}$	$\begin{bmatrix} 0.0308 & 0.9692 \end{bmatrix}$

根据 softmax 输出结果,图像为字符 1 的概率约为 96.92%,大于图像为字符 0 的概率,则分类结果为字符 1,分类正确。

3.5.6   经典卷积神经网络 LeNet-5 模型

Yann LeCun 在 1998 年提出的用于文字识别的 LeNet-5 模型是非常经典的模型,它是第一个成功大规模应用的卷积神经网络,在 MNIST 数据集中的正确率可以高达 99.2%,其网络结构如图 3.45 所示。

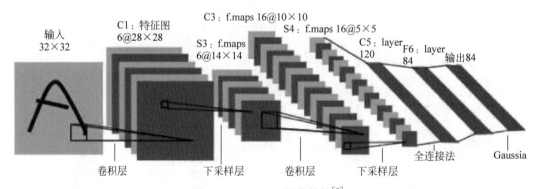

图 3.45   LeNet-5 网络结构[6]

LeNet-5 卷积神经网络模型一共有 7 层,包含卷积层、池化层(下采样层)、全连接层等。首先需要把含手写字符的原始图像处理成包含 32×32 个像素点的图像,作为输入;后面的神经网络层采用卷积层和池化层交替分布的方式。第 1 层(C1)是卷积层,分别采用了 6 个不同的卷积核,每个卷积核的尺寸均为 5×5,对 32×32 的输入数据进行纵向、横向步长均为 1 的卷积计算,得到 6 个 28×28 的特征图,每个特征图中的 28×28 个神经元共享这 25

个卷积核权值参数。通过卷积运算,原始信号的特征增强,同时也降低了噪声,不同的卷积核能够提取到图像中的不同特征。第 2 层(S2)是一个 2×2 的池化层,对 6 个特征图分别进行池化,得到 6 个 14×14 的特征图。第 3 层(C3)又是一个卷积层,这次采用了 16 个 5×5 的卷积核,得到 16 个 10×10 的特征图,而且本层产生不同特征图数据的每个神经元并不是和 S2 层中的所有 6 个特征图连接,而是只连接其中某几个特征图,这样可以让不同的特征图抽取出不同的局部特征。第 4 层(S4)是池化层,同样采用 2×2 的池化,对 16 个 C3 层的特征图处理,得到 16 个 5×5 的特征图。第 5 层(C5)是一个包含 120 个神经元的卷积层,采用 5×5 的卷积核;因为 S4 层的特征图是 5×5 大小,每个特征图与卷积核运算得到一个数值,将每个特征图与 120 个神经元进行全连接,即每个神经元有 $5\times5\times16$ 个连接。第 6 层(F6)则包含 84 个神经元,与 C5 层进行全连接,每个神经元经过激活函数、产生数据,输出给最后一层。因为是对 10 个数字字符进行识别,最后一层设置了 10 个神经元来获得分类结果,每个神经元的输出对应输入为某一个数字字符的概率。

3.6 深度学习的 RNN 模型介绍

在前面介绍的多层神经网络和卷积神经网络中,样本之间也没有明确的顺序关系,每个样本被独立处理,没有对数据本身存在的先后顺序关系进行建模。循环神经网络(Recurrent Neural Network,RNN)则能够在处理时对样本的先后顺序进行建模。

RNN 中神经元的输出数据可以在下一个运算中又作为自身输入数据的一部分参与运算,即该神经元 t 时刻的输出是其 t 时刻的外部输入和其 $t-1$ 时刻的输出共同作用的结果。RNN 在实践中被证明能有效完成自然语言(词与词之间存在顺序关系)等多个领域的任务,当前被广泛应用。例如用于机器翻译(Machine Translation),实现将中文语句转换成语义相同的英文语句;用于文本情感分析(Emotion Analysis),对输入文本的情感极性进行分类,广泛应用于电商评论的情感分析和大众舆情分析;用于自动问答(Auto Q&A),针对用户的问题,根据文档找出相应的答案;用于语音识别(Speech Recognition),根据给出的一段声音信号,翻译出该语音对应的某种语言语句。

3.6.1 基本 RNN 的网络结构和工作过程

在 RNN 中,一般采用 tanh 函数作为激活函数。tanh 函数定义如式(3.15)所示。

$$\tanh(x) = \frac{e^x - e^{-x}}{e^x + e^{-x}} \quad (3.15)$$

其函数图像如图 3.46 所示。观察图像可知,tanh 激活函数的特点在于可以将数值压缩到 $(-1,1)$ 之间,从而可以调节网络中神经元输出值的范围,防止数值过大影响后续的计算。

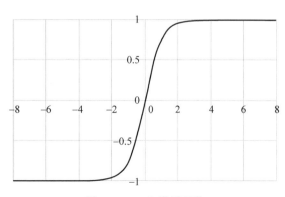

图 3.46 tanh 激活函数

RNN 的基本结构和工作过程如图 3.47 所示,图中箭头左边的部分是 RNN 的基本结构图,箭头右边的部分为 RNN 按每次输入数据展开的工作过程状态图。基本结构中,该神经网络只包含一个神经元,该神经元的结构和工作方式与感知机神经元类似,包含输入数据 X(可以是单个数值,也可以是一组数据)、权值参数 W、求和计算、激活函数;但是其输出数据 Y 会反馈回去,作为下一次神经元运行的输入数据。

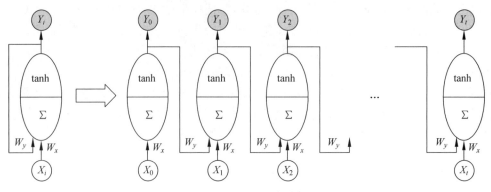

图 3.47　RNN 基本结构

RNN 的运行过程为:第一次(称为 T_0 时刻)输入的数据(用 X_0 表示,单个数值或一组数据),与权值 W_x 相乘,然后求和(通常每个神经元也包含一个偏置),对求和结果采用激活函数处理,产生输出 Y_0;该输出 Y_0 既作为网络输出向后传递,又反馈回到输入端,与第二次(称为 T_1 时刻)输入的数据 X_1 一起作为该神经元的输入。对于反馈回来的 Y_0,有一个权值参数 W_y,而对于第二次输入数据仍然使用原来的权值 W_x,神经元进行同样的求和和激活,然后产生输出 Y_1;同样过程继续运行,直到输入结束。

RNN 按照其输入、输出的对应关系,划分为以下 4 种类型,如图 3.48 所示,图中每个类型的底层为输入数据,中间为神经元,顶层为输出数据,用阴影填充的输入和输出为无实际意义的数据。

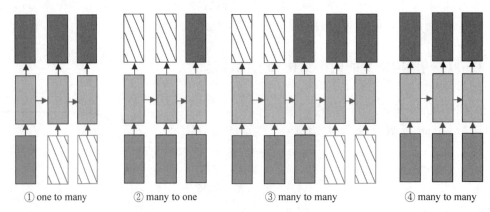

① one to many　　② many to one　　③ many to many　　④ many to many

图 3.48　RNN 的类型

① one to many:输入单个值,输出序列。例如输入一个主旨词,输出一段描述该主旨的文本。

② many to one:输入序列,输出单个值。例如情感分析任务,输入一句话,返回其情感极性。

③ many to many：输入、输出均为序列，但输入的有效数据与输出的有效数据数量不一致。例如机器翻译任务，输入一句话，翻译为另外一种语言的一句话，两句话的词语数量很可能不一样多。

④ many to many：另一种输入、输出均为序列的情况，输入的有效数据与输出的有效数据数量一致。例如实时语音识别任务。

当用这样的 RNN 模型通过上下文来预测下一个单词时，如果预测的内容和关键信息之间的距离较近，RNN 可以较好地利用前文的信息实现预测，例如输入"24 hours in a ( )"这句话，RNN 模型可以很轻松地预测出下一个单词为(day)。但是，当预测内容和关键信息间的距离较远时，RNN 模型就很难掌握这种长距离的信息。例如输入"My motherland is China, …, the capital is( )"，希望预测出(Beijing)，这个文本比较长，提示信息与当前要预测的单词距离较远，利用 RNN 模型进行预测的准确率就比较低。

3.6.2 LSTM 的结构和工作过程

传统的 RNN 由于只反馈当前输出作为下一次的输入，导致对前面一些时刻输入的信息记忆较短（更前面一些时刻输入的信息留存在当前输出中的部分比较少）。塞普·霍克赖特(Sepp Hochreiter)和于尔根·施米德胡贝(Jürgen Schmidhuber)于 1997 年提出了长短时记忆网络(Long Short Term Memory networks，LSTM)，旨在解决信息的长时期(长距离)依赖问题(The Problem of Long-Term Dependencies)。

LSTM 的核心思想：是神经元不是简单把当前输入和上一次反馈回来的结果一起处理之后就输出，而是模仿人的记忆过程，每次接收到新数据之后，对原来相关的记忆信息进行更新，然后视情况对更新后的记忆信息按一定比例输出；下一次有信息到来时，再同样地更新记忆和输出记忆信息。

LSTM 网络的基本单元不是一个简单的神经元，而是一个包含多组神经元的、称为细胞(cell)的结构，如图 3.49 所示。为了实现记忆更新和输出需要的各种控制比例，LSTM 细胞的内部结构较为复杂，通过不同组神经元来计算各种数据，并设置内部循环的细胞状态。在 t 时刻，LSTM 细胞反馈到下一次计算的除了当前的输出向量 Y_t（一个向量中包含多个数值），还增加了反馈传递当前的状态向量 C_t；上一次的输出 Y_{t-1} 反馈传递回来，和当前输入向量 X_t 拼接在一起，构成 t 时刻的输入。为了更清楚地表示，图 3.49 中将这两部分输入数据分开画线（计算的时候会将两部分输入拼接在一个向量中），因此对这两部分输入对应的权值参数也分开标记，例如分别用 W_{fy} 和 W_{fx} 分开标记，公式中则直接用 W_f 表示对所有输入数据的权值向量。

LSTM 细胞内部有 5 个实现不同功能的结构，主要分为 3 类："门结构"（一共 3 个控制门）、"候选信息生成"结构和"输出信息生成"结构。3 个控制门和"候选信息生成"结构内部均包含有数量与状态向量 C_t 维度相等的神经元，且每个神经元都使用 Y_{t-1} 和 X_t 作为输入，但使用不同的权值参数。门结构用 Sigmoid(图中用 σ 表示)作为激活函数，输出值范围为(0,1)，用于控制信息向前传输的比例；信息生成结构采用 tanh 作为激活函数，取值范围为(−1,1)。

LSTM 细胞内部的三个控制门分别是：

遗忘门——控制原来记忆的信息(状态)保留多少；

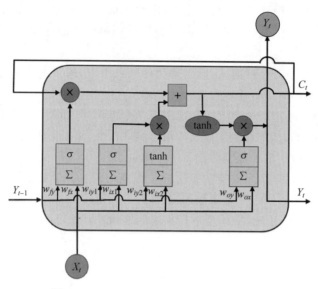

图 3.49　LSTM 的基本单元——细胞结构

输入门——控制新产生的信息有多少能进入到记忆(状态)中；

输出门——控制经过处理后的当前记忆信息(状态)按多大比例输出。

整个 LSTM 网络可以由多个这种细胞连接构成。下面对 LSTM 细胞的内部结构按工作过程进行介绍。

(1) LSTM 细胞的状态(cell state)，记为 C_t。

如图 3.50 所示，细胞状态 C_t 可以理解为在 t 时刻该 LSTM 细胞记住的信息，将反馈回去构成下一时刻细胞状态的一部分；同时乘以一个控制比例，输出给下一层 LSTM 细胞，并反馈回本细胞作为下一次输入数据的一部分，记为 Y_t。由于细胞状态不输出给其他 LSTM 细胞，只是在本细胞内部循环，因此也被称为隐藏信息或隐藏状态。

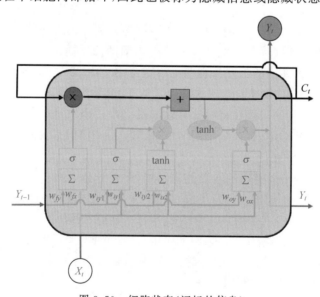

图 3.50　细胞状态(记忆的信息)

（2）遗忘门。

每次输入数据到来时，LSTM 会通过"遗忘门"来控制保留多少此前时刻记住的信息，也即遗忘掉多少比例的信息。遗忘门通常包含多个神经元，每个神经元都对上次输出和本次新输入数据进行加权求和，使用 Sigmoid 作为激活函数，产生一个(0,1)之间的数值，表示模型需要记住或者遗忘其对应的原记忆信息的比例。Sigmoid 值为 0 时，表示这部分信息全部遗忘，Sigmoid 值为 1 时表示信息全部保存下来。

如图 3.51 所示，遗忘门的输入向量为前一时刻输出反馈回来的 Y_{t-1} 和当前的输入向量 X_t，将这两部分数据送入带有 Sigmoid 激活函数的神经元组处理，得到比例向量 f_t，从而让模型能自行判断对之前时刻的记忆需要遗忘多少，其计算如式(3.16)所示。

$$f_t = \sigma(W_f[Y_{t-1}, X_t] + b_f) \tag{3.16}$$

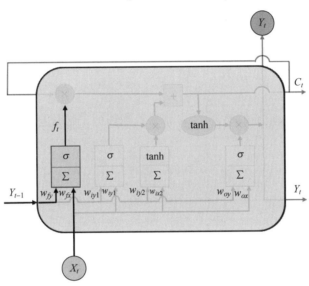

图 3.51　遗忘门内部结构

（3）候选信息生成。

如图 3.52 所示，将前一时刻输出端反馈回来的信息 Y_{t-1} 和当前的输入向量 X_t 加权求和后，采用 tanh 激活函数生成一个新的候选信息 $\widetilde{C}_t$，用来更新记忆。

（4）输入门。

输入门用来控制新产生的候选信息有多少被保留下来。如图 3.52 所示，它也是将前一时刻反馈回来的信息 Y_{t-1} 和当前的输入向量 X_t 采用不同的权值参数进行加权求和后，用 Sigmoid 激活函数输出，得到输入控制向量 i_t，用于决定候选信息 $\widetilde{C}_t$ 是否重要，需要将它的多大比例保留到记忆中。i_t 和 $\widetilde{C}_t$ 的计算公式分别如式(3.17)和式(3.18)所示。

$$i_t = \sigma(W_i[Y_{t-1}, X_t] + b_i) \tag{3.17}$$

$$\widetilde{C}_t = \tanh(W_C[Y_{t-1}, X_t] + b_C) \tag{3.18}$$

之后将对细胞状态进行更新，如图 3.53 所示。使用遗忘门得到的 f_t 和前一时刻的细胞状态 C_{t-1} 相乘来得到需要保留的记忆部分，将输入门产生的比例 i_t 与新的候选值 $\widetilde{C}_t$ 相

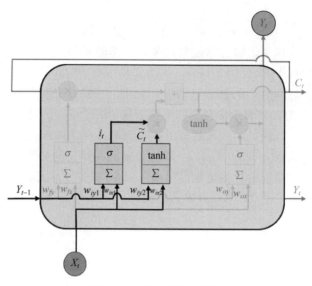

图 3.52　输入门内部结构

乘来得到 $\widetilde{C}_t$ 中应该进入记忆的部分,两者相加得到新的记忆信息 C_t(细胞状态)。其计算如式(3.19)所示。

$$C_t = f_t C_{t-1} + i_t \widetilde{C}_t \qquad\qquad (3.19)$$

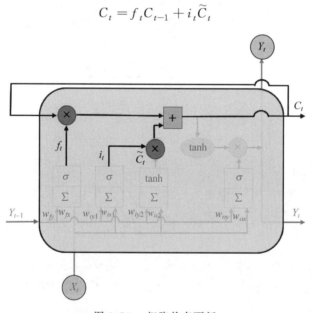

图 3.53　细胞状态更新

(5) 输出门。

记忆信息并不直接输出,而是采用 tanh 激活函数规范到$(-1,1)$之间,作为准备输出的信息。但实际输出多少还需要使用输出门来产生一个 0 到 1 之间的比例来控制。如图 3.54 所示,同样是将前一时刻输出端反馈回来的信息 Y_{t-1} 和当前的输入向量 X_t 加权求和(采用与其他神经元不同的权值参数),然后用 Sigmoid 激活函数产生输出控制向量

O_t，如式(3.20)所示。将上述两部分相乘来最终确定当前神经元的输出 Y_t。计算过程如式(3.21)所示。

$$o_t = \sigma(W_o[Y_{t-1}, X_t] + b_o) \tag{3.20}$$

$$Y_t = o_t \cdot \tanh(C_t) \tag{3.21}$$

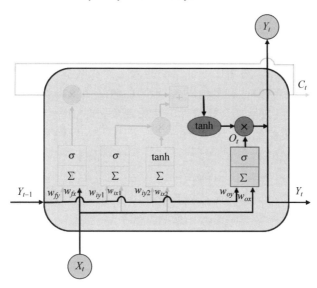

图 3.54 输出门内部结构

由于 LSTM 的神经元可以通过自动学习来调节各个门产生的控制比例，因此即使是较早时刻产生的重要信息，也能够通过状态来保存，并传递到其后比较远的时刻，从而在结构上克服了传统 RNN 带来的"长距离依赖问题"。

参考文献

[1] 高文. 人工智能——螺旋上升的 60 年. CNCC2016 大会特邀报告[EB/OL]. (2016-10-22)[2020-05-27]. http://www.360doc.com/content/16/1022/22/11548039_600591144.shtml.

[2] 张玉宏. 深度学习之美：AI 时代的数据处理与最佳实践[M]. 北京：电子工业出版社，2018.

[3] 李德毅，于剑. 人工智能导论[M]. 北京：中国科学技术出版社，2018.

[4] 韩力群. 人工神经网络理论、设计及应用[M]. 2 版. 北京：化学工业出版社，2007.

[5] 周志华. 机器学习[M]. 北京：清华大学出版社，2016.

[6] LECUN Y, BOTTOU L. Gradient-based learning applied to document recognition[J]. Proceedings of the IEEE, 1998, 86(11)：2278-2324.

扩展阅读

[1] 张觉非. 深入理解神经网络 从逻辑回归到 CNN[M]. 北京：人民邮电出版社，2019.

[2] 江永红. 深入浅出人工神经网络[M]. 北京：人民邮电出版社，2019.

[3] 山下隆义. 图解深度学习[M]. 张弥，译. 北京：人民邮电出版社，2018.

[4] 深度学习中文社区[EB/OL]. [2020-05-31]. http://dl.tustcs.com/.

习题 3

一、单项选择题

1. 以下关于人工神经网络的描述正确的是（　　）。

    A. 任何两个神经元之间都是有连接的

    B. 前馈神经网络（FNN）是带有反馈的人工神经网络

    C. 带反馈的人工神经网络比不带反馈的人工神经网络高级

    D. 神经元的激活函数具有多种形式，不同的激活函数得到的性能不同

2. 人工神经网络的层数增加会导致梯度消失现象，其本质原因是（　　）。

    A. 各层误差梯度相加　　　　　　　　B. 各层误差梯度相减

    C. 各层误差梯度相乘　　　　　　　　D. 误差趋于饱和

3. 以下关于深度学习的描述不正确的是（　　）。

    A. 深度神经网络的层数多于浅层神经网络，具有更强的表达能力

    B. 卷积神经网络可以不需要人工提取特征参数

    C. 深度学习是大数据时代的必然产物

    D. 以上都不正确

4. 以下关于感知器的说法错误的是（　　）。

    A. 单层感知器可以解决异或问题

    B. 感知器分类的原理是通过调整权重使两类样本经过感知机模型后的输出不同

    C. 单层感知器只能针对线性可分的数据集分类

    D. 学习率可以控制每次权值调整力度

二、多项选择题

1. 卷积神经网络的结构主要包括（　　）。

    A. 卷积层　　　　　B. 池化层　　　　　C. 全连接层　　　　　D. 输入层

2. 多层神经网络主要包括（　　）。

    A. 输入层　　　　　B. 物理层　　　　　C. 隐藏层　　　　　D. 输出层

3. 人工神经网络由许多神经元构成，M-P 模型的主要特征包括（　　）。

    A. 多输入、单输出　　　　　　　　　B. 对输入加权求和

    C. 具有树突和轴突　　　　　　　　　D. 具有激活函数

三、判断题

1. 人工神经网络的层数是固定的，每层的神经元个数是不固定的。（　　）

2. BP 神经网络的误差是从前往后传播的。（　　）

3. 卷积神经网络的层数一般大于 3。（　　）

四、简答题

1. 感知机是如何实现从数据中学习的？

2. 什么是梯度？什么是梯度的方向？

3. 有 A 类和 B 类两类物品，均有两个类似的特征值。现有三个属于 A 类物品的样本，

每个样本的特征值分别为[0.1,1]、[0.2,0.7]、[0.4,0.8],样本标签用1表示;有三个属于B类物品的样本,其特征值分别为[0.8,0.3]、[0.9,0.2]、[1.0,0.5],样本标签用0表示。现在要训练一个感知机,使其能将两类物品正确地区分,可以初始化感知机的三个权值参数分别为$w_1=1,w_2=1,b=-1$(也可随机初始化),学习率为0.6。请在下表中写出这六个样本循环送入感知机进行训练时,对三个参数进行调整的情况。

调整参数	样本输入	网络输出 y_{out}	样本预设类别值 y	误差 ε	调整后的 w_1	调整后的 w_2	调整后的 b
初始					1	1	-1
1	(0.1,1)		1				
2	(0.2,0.7)		1				
3	(0.4,0.8)		1				
4	(0.8,0.3)		0				
5	(0.9,0.2)		0				
6	(1.0,0.5)		0				
7	(0.1,1)		1				

4. 对图像进行卷积运算,输入图像与卷积核如下所示,请给出按步长为1进行卷积后的特征图。

输入图像:

4	5	9	9	10
7	13	2	8	3
3	8	3	4	2
12	8	10	13	10
13	16	6	11	15

卷积核:

$$\begin{bmatrix} 0 & -1 & 0 \\ -1 & 5 & -1 \\ 0 & -1 & 0 \end{bmatrix}$$

5. 对如下图像采用2×2的池化窗口进行步长与窗口大小相同的最大池化运算,请给出池化后的图像。

4	5	9	9
7	13	2	8
3	8	3	3
12	8	10	14

第4章

知识表示与专家系统

"使计算机像人一样思考"是人工智能最早被广泛接受的定义之一。人类的思考方式体现在能够运用知识进行推理,而计算机进行知识推理的难点在于知识的表示。因此,知识表示作为人工智能应用中的核心部分成为本章的第一部分。专家系统是一种利用知识表示进行逻辑推理的人工智能系统,本章的第二部分将介绍专家系统。

4.1 知识表示

本节主要介绍知识的表示方法。首先介绍传统人工智能领域中从认知角度提出的不同知识表示方法,主要包括逻辑、产生式、框架等。然后介绍在互联网时代从数据出发提出的语义网,以及基于语义网的背景及其知识描述体系的知识图谱表示方法。

4.1.1 逻辑表示法

逻辑主要研究规则的精确推理,基础在于知识可以用符号逻辑表示。例如,古老的苏格拉底三段论如下。

前提一:所有人都是要死的;

前提二:苏格拉底是人;

结论:苏格拉底是要死的。

此类三段论是最简单的形式逻辑之一,形式意味着逻辑所关心的是语句的形式而不是语义。例如用 A、B、C 分别表示上文的"人""要死""苏格拉底",不管 A、B、C 具体表示什么含义,都有以下形式的三段论。

前提一:所有 A 都是 B;

前提二:C 是 A;

结论:C 是 B。

此类无具体对象的形式逻辑都是有效的,这就是对"推理知识"的一种符号表示。

符号逻辑本身可以分为：命题逻辑和谓词逻辑。我们先从最简单的命题逻辑开始介绍。

命题逻辑是一种用于命题操作的符号逻辑。这里的**命题**是指能够判断真假的陈述句。判定结果为真的陈述句称为**真命题**，否则称为**假命题**。例如，"三角形的内角和是 180 度"这个句子是真命题，或称该命题的真值为真，"地球是方形的"是个假命题。而疑问句、感叹句、祈使句和不能判断真假的句子都不是命题。表示**简单命题**可以用大写字母符号。例如"三角形的内角和是 180 度"可以用字母 A 表示，此时 A 的真值为 1 或 T；若用字母 B 表示"地球是方形的"，则此时 B 的真值为 0 或 F。可以用 C 表示简单命题而无须指定 C 的具体语义，此时 C 的真值可能是 0，也可能是 1，相当于一个待定常数。

复杂语句命题如"2 或 4 是素数""如果 2 是素数，则 3 也是素数"，需要借助联结词来完成复杂命题的符号化，成为**复合命题**。常用的联结词如下：

(1) ¬（**否定**）对任意命题 A，¬A 表示对 A 的否定；

(2) ∧（**合取**）复合命题 A∧B 表示 A 与 B；

(3) ∨（**析取**）复合命题 A∨B 表示 A 或 B；

(4) →（**蕴含**）复合命题 A→B 表示如果 A 则 B；

(5) ↔（**等价**）复合命题 A↔B 表示 A 当且仅当 B。

以上联结词的真值表如表 4.1 所示。

表 4.1　逻辑联结词真值表

A	B	¬A	A∧B	A∨B	A→B	A↔B
T	T	F	T	T	T	T
T	F	F	F	T	F	F
F	T	T	F	T	T	F
F	F	T	F	F	T	T

利用联结词可以表达复杂的语句。例如，若 A 表示简单命题"2 是素数"，B 表示简单命题"3 是素数"，C 表示简单命题"4 是素数"，则 A∨C 表示"2 或 4 是素数"，A→B 表示"如果 2 是素数，则 3 也是素数"，此时 A 和 B 是真命题，C 是假命题，由上面的真值表知，表达式 A∨C 和 A→B 都为真。永远为真的复合语句称为**重言式**，无论组成它的简单语句是真还是假。例如，¬A∨A 就永远为真。永远为假的复合语句称为**矛盾式**，例如 A∧¬A 就是一个矛盾式。值得注意的是，若 P 与 Q 为任意两个命题，则由表 4.1 知道 P→Q 与 ¬P∨Q 取真值的情形相同。任意两个取真值情况相同的命题称为**等值式**，反映了**逻辑等价**的含义，用符号 ⇔ 或 ≡ 表示。特别地，每一个矛盾式等值于 0，而重言式等值于 1。下面列出了一些常用的重要等值式，以它们为基础进行逻辑演算，可以证明公式等值。

幂等律：
$$A \vee A \equiv A, \quad A \wedge A \equiv A \tag{4.1}$$

分配律：
$$A \vee (B \wedge C) \equiv (A \vee B) \wedge (A \vee C)$$
$$A \wedge (B \vee C) \equiv (A \wedge B) \vee (A \wedge C) \tag{4.2}$$

德摩根律：
$$\neg(A \vee B) \equiv \neg A \wedge \neg B, \quad \neg(A \wedge B) \equiv \neg A \vee \neg B \tag{4.3}$$

蕴涵等值式：

$$A \rightarrow B \equiv \neg A \vee B \tag{4.4}$$

等价等值式：

$$A \leftrightarrow B \equiv (A \rightarrow B) \wedge (B \rightarrow A) \tag{4.5}$$

如果每个命题表达式仅用属于某一集合中的逻辑联结词表示，那么这个逻辑联结词集是**完备集**。$\{\neg, \wedge, \vee, \rightarrow, \leftrightarrow\}$ 显然是完备集，由**等价等值式**知，联结词集 $\{\neg, \wedge, \vee, \rightarrow\}$ 是完备的，由**蕴涵等值式**知 $\{\neg, \wedge, \vee\}$ 是完备的，由**德摩根律**容易**得到** $\{\neg, \wedge\}$ 和 $\{\neg, \vee\}$ 都是完备的。联结词 $\neg$、$\wedge$、$\vee$、$\rightarrow$、$\leftrightarrow$ 的运算优先级从左到右依次降低。

虽然命题逻辑是有用的，但是它具有局限性。最主要的问题是，命题逻辑只能处理完整的语句，它不能检查语句的内部。命题逻辑不能证明苏格拉底三段论的合法性，"所有人都是要死的，苏格拉底是人，所以苏格拉底是要死的"这句话在形式逻辑上是正确的，不依赖于语义。但是符号化为命题公式不是一个重言式，根本原因在于语句的内部是有联系的，而简单命题无法反映内部的联系。

为解决上述问题，提出了谓词逻辑。其最简单的形式是一阶谓词逻辑，这也是逻辑程序设计语言的基础。一阶谓词逻辑和高阶谓词逻辑的区别在于是否可以量化谓词或集合。由于高阶谓词逻辑过于复杂，在实践中较少应用，因此本书不做介绍。这里的谓词逻辑特指一阶谓词逻辑。

谓词逻辑要求对简单命题再细分其语句结构，细分出个体词、谓词和量词，用以表达个体与总体的内在联系和数量关系。**个体词**是指所研究对象中可以独立存在的具体或抽象的客体，一般是充当主语的名词或代词，示例如下。

命题：人工智能是一门综合性学科。　　个体词：人工智能

命题：他是足球运动员。　　　　　　　个体词：他

命题：小张和小王是好朋友。　　　　　个体词：小张、小王

一般用小写字母 a、b、c 等表示具体或特定的个体词，称为**个体常项**；用 x、y、z 等表示抽象或泛指的个体词，称为**个体变项**。个体变项的取值范围称为**个体域**（或者论域）。个体域需要预先指定，如无说明默认个体域为**全总个体域**，即由宇宙中一切事物组成的集合。

将个体词从命题语句中抽出后剩下的部分称为**谓词填式**。例如，从"人工智能是一门综合性学科"中抽出个体词"人工智能"，剩下的"……是一门综合性学科"就是谓词填式。同样，"……是足球运动员""……和……是好朋友"都是谓词填式，用"大写字母（）"的形式表示。将个体词填入谓词填式就是**谓词**。例如，定义 $H(\ )$ 为"……是一门综合性学科"，a 为"人工智能"，则 $H(a)$ ＝"人工智能是一门综合性学科"。定义 b ＝"他"，则 FOOTBALLPLAYER(b) 表示"他是足球运动员"。

FRIEND(x, y) 表示 x 与 y 是好朋友。注意到 $H(a)$ 和 FOOTBALLPLAYER(b) 填入的是个体常项，此时的谓词也是命题，然而 FRIEND(x, y) 填入的是个体变项，x 和 y 的取值不定，因此语句真值无法判定，从而 FRIEND(x, y) 不是命题，不能直接代入命题公式进行逻辑推理。为此，需要对变量 x 和 y 的范围加以限制，使具有个体变项的谓词是能判断真假的命题。下面介绍两类量词。

(1) **全称量词**："一切的""所有的""每一个""任意的""凡""都"等词统称为全称量词，用"ALL"的首字母 A 的上下翻转符号"$\forall$"表示。$\forall x$ 表示（预先指定的）个体域中所有的个

体 x。例如在数域中,$\forall x$ ISBIGGERTHANZERO(x)表示对任意 x(指定个体域为数域,即 x 为一个数),x 大于零。

（2）**存在量词**："有一个""存在""至少有一个""有的"等词统称为存在量词,用"Exist"的首字母 E 的左右翻转符号"∃"表示。∃x 表示个体域里有一个个体 x。例如,∃x ∃y FRIEND(x,y)在全总个体域中(没有指定的情况默认为此)表示存在个体 x 和个体 y 是好朋友。

至此,我们可以写出苏格拉底三段论中每个句子的谓词表示,分别如下。

前提一：每个人都是要死的；

$$\forall x\,(\text{PERSON}(x) \to \text{DIE}(x))$$

前提二：苏格拉底是人

$$\text{PERSON}(\text{Socrates})$$

结论：苏格拉底是要死的

$$\text{DIE}(\text{Socrates})$$

整个句子"每个人都是要死的,苏格拉底是人,所以苏格拉底是要死的"的谓词表示为

$$\forall x\,(\text{PERSON}(x) \to \text{DIE}(x)) \wedge \text{PERSON}(\text{Socrates}) \to \text{DIE}(\text{Socrates})$$

去掉上式的具体语义,可写为如下形式：

$$\forall x\,(A(x) \to B(x)) \wedge A(a) \to B(a)$$

由量词的逻辑运算公式(此处略)和表 4.1 可自行验证上式为重言式。

逻辑表示法的特点是它建立在某种形式逻辑的基础上,具有自然、精确、容易实现的优点,在定理自动证明、问题求解、机器人学等领域有广泛应用。但是逻辑表示法也有明显的不足,主要表现在它把推理演算和知识含义截然分开,抛弃了表达内容中所含有的语义信息,往往使推理难以深入,特别是当问题比较复杂的时候,容易产生组合爆炸问题；逻辑表示法的另一个局限是难以表达不精确的数量和不确定的事情,当然这个问题可以通过引入模糊逻辑来解决。

4.1.2 产生式表示法

产生式(Production)这个术语最早由美国数学家波斯特(Emil Post)在符号逻辑中使用。在 20 世纪六七十年代,产生式表示法成功应用于自动推理机和专家系统。随后,产生式系统被应用于更多领域,如形式语言学、计算语言学中的句法分析器等。目前,产生式表示法是人工智能中应用最多的一种知识表示模式。

产生式表示法主要包括**事实**和**规则**两种表示。

1. 基于事实的产生式表示

事实可以被看作一个语言变量的值或断言或者多个语言变量间的关系的陈述句。语言变量的值或语言变量间的关系可以是一个词。对确定性知识,基于事实的产生式通常用一个三元组来表示,即(对象,属性,值)或(关系,对象 1,对象 2),其中的对象就是语言变量。对不确定性知识,基于事实的产生式通常用一个四元组来表示,即(对象,属性,值,置信度)或(关系,对象 1,对象 2,置信度),其中,置信度是指该事实为真的可信程度,用一个 0 到 1 的数来表示。例如,"2 是素数"可以表示为(2,prime_number)；"欧拉和莱布尼兹是好朋

友"可以表示为(friendship,Euler,Leibniz)。如果增加不确定性的度量,可增加一个因子表示两人友谊的置信度。如(friendship, Euler, Leibniz, 0.8)表示欧拉和莱布尼兹是好朋友的可信度是 80%,表达了欧拉和莱布尼兹很可能是好朋友的意思。

2. 基于规则的产生式表示

规则表示的是事物间的因果关系,其表现形式为

$$P \rightarrow Q \tag{4.6}$$

或

$$IF \quad P \quad THEN \quad Q \tag{4.7}$$

其中,P 称为规则的**前件**,Q 称为规则的**后件**。整个产生式的含义为:如果前件 P 成立,那么对应的后件 Q 成立。**基于规则的产生式**类似于谓词逻辑中的蕴含式,但有所区别,区别在于蕴含式只能表示确定性知识,而产生式不仅可以表示确定性知识,还能表示不确定性知识,其表现形式为

$$IF \quad P \quad THEN \quad Q（置信度） \tag{4.8}$$

例如:

$$IF \quad rain \quad THEN \quad umbrella$$

表示若下雨则打伞,

$$IF \quad rain \quad THEN \quad umbrella \quad (0.5)$$

表示若下雨则打伞的可能性是 50%。

以上介绍了产生式的基本形式。产生式以规则形式描述了事物之间的对应关系,这种对应关系包括了因果、蕴含,也包括了动作、方法。同时,产生式可以描述不确定性知识,如不确定规则、不确定的事实等。因此,产生式可以看作是对一阶谓词逻辑的一种扩展。

当今主流的专家系统类型是**产生式系统**,产生式系统是指一组产生式相互配合、协同作用,以求得问题的解。产生式系统一般由 3 个基本部分组成,分别为:由 IF-THEN 规则组成的**规则库**;用来存放当前与求解问题有关的各种信息的**事实库**;以及用来控制和协调规则库与事实库运行的一组程序,即**控制策略**。

我们通过一个简单的汽车专家产生式系统来说明系统各部分是如何协同工作得到结论的。该系统的规则库包括 4 条规则,如下所示。

r_1: IF 汽车不能发动 THEN 检查电池;
r_2: IF 汽车不能发动 THEN 检查油箱;
r_3: IF 检查电池 AND 电池坏了 THEN 换电池;
r_4: IF 检查油箱 AND 汽油没了 THEN 检查电池。

在推理前,需要明确事实库中已有的事实,这里假设事实为"汽车不能发动,电池坏了"。推理开始后,首先从规则库中取出规则 r_1,检查到其前件与事实库中已有的事实匹配,则执行该产生式,产生"检查电池"的新事实,并向事实库中添加新事实。再次检测规则库,得到 r_3 的前件与已知事实"检查电池"和"电池坏了"的前件匹配,则执行该产生式,得到结论"换电池"。

整个推理过程是由推理机完成的,可以发现产生式系统求解问题的过程和人类求解问题的思维过程很相似,因而可用来模拟任一可计算过程。同时产生式规则之间没有相互的

直接作用,它们之间只能通过事实库发生间接联系,而不能相互调用,这种模块化结构使得在规则库中的每条规则都可以自由增删和修改。

实际应用中的规则库可能由成千上万条规则组成,在事实与规则之间进行调用匹配的时间可能会超过人们的忍耐程度,导致效率低下。设计适当的控制策略来指导规则应用是非常必要的。马尔可夫(Markov)算法和快速模式匹配器——Rete 算法都是有效的控制策略,具体内容读者可自行查阅有关文献。

4.1.3　框架表示法

产生式表示法中的知识虽然具有一致格式,但是规则之间不能相互调用,因此用产生式很难以自然的方式来表示具有结构关系或层次关系的知识。同时,尽管产生式的规则形式上相互独立,但实际问题往往彼此是相关的,这样当规则库不断扩大时,要保证新的规则和已有规则没有矛盾就会越来越困难,导致规则库的一致性越来越难以实现。

框架表示法是以框架理论为基础的一种结构化知识表示方法。这种表示方式可以描述实体、概念、事件的属性,能够把知识的内容结构关系以及知识间的联系表示出来。框架表示法是由马文·明斯基(Marvin Lee Minsky)在 1975 年首先提出的。从认知学的角度,框架理论继承了人类认识世界的方式。对现实世界中各种事物,人类都以一种类似于框架的结构存储在记忆中,当面临一个新事物时,人们就从记忆中找出一个合适的框架,并根据实际情况对框架中的具体值进行修改、补充,从而形成对这个新事物的认识。

从知识表达层面,**框架**是基于概念的抽象程度表现出自上而下的分层结构,它的最顶层是固定的一类事物。框架由框架名和描述事物各个方面的**槽**组成,每个槽可以拥有若干**侧面**,而每个侧面可以拥有若干个值。这些内容可以根据具体问题的具体需要来取舍。

一个框架的一般结构如下:

```
<框架名>
    <槽 1> <侧面 11> <值 111>…
            <侧面 12> <值 121>…
                ⋮
    <槽 2> <侧面 21> <值 211>…
                ⋮
    <槽 n> <侧面 n1> <值 n11>…
```

图 4.1 给出了两个框架的例子。

教师和灾难是两个概念或类别,框架定义了这些概念应该或可能具备的属性,这些属性称为槽。例如,框架 1:<教师>包含 8 个槽,若存在一个教师的实体,就需要对教师框架中的槽或部分槽进行值的填充。槽可以是任何形式的信息,包括原子值或值的集合。对于非原子的槽,还可以由多个侧面对槽的描述进行补充,例如<教师实例>{<姓名>{张三},<年龄>{30},<学校>{清华大学},<院系>{人工智能学院},<职称>{讲师}}。类似地,对于灾难框架的一个实例,关联着一个在特定时间发生在特定地点的事实,例如"汶川地震"。

框架 1：<教师>
 槽 1：<姓名>
 槽 2：<年龄>
 槽 3：<学校>
 槽 4：<院系>
 槽 5：<专业>
 槽 6：<职称>
 槽 7：<学位>
 槽 8：<毕业院校>

框架 2：<灾难>
 槽 1：<时间>
 槽 2：<地点>
 槽 3：<伤亡>
  侧面 3.1：<死亡人数>
  侧面 3.2：<失踪人数>
 槽 4：<损失>
  侧面 4.1：<直接经济损失>
  侧面 4.2：<间接经济损失>
 槽 5：<救援>
  侧面 5.1：<救援部门>
  侧面 5.2：<相应时间>
  侧面 5.3：<捐赠情况>
  ⋮

图 4.1　框架示例

地震是灾难的一种，因此灾难框架的所有槽在地震中都是存在的，为了避免框架结构的重复定义，就有框架之间的**继承**关系。地震还有震级、震源深度等特有属性，这是需要在地震框架下单独定义的，具体定义如图 4.2 所示。

框架 3：<地震>：继承<灾难>
 槽 1：<震级>
 槽 2：<震源深度>
 槽 3：<断层>
 ⋮

图 4.2　框架继承示例

在实例化地震这种继承的框架时，除了填充地震框架本身的槽值，还要填充在灾难框架中的槽值。框架由于具有强大的结构式表达能力和接近于人类思维过程的特性，被应用于多个领域专家系统的构建以及通用知识的表达，例如 FrameNet (https://framenet icsi berkeley edu/fndrupal) 就是基于框架表示的语义知识库。FrameNet 定义了 1000 多个不同的框架、10 000 多个词法单元，总计标注了超过 150 000 个例句。FrameNet 已被证明对一系列的自然语言处理任务具有明显的效果，例如艾伦人工智能研究所将 FrameNet 应用于从教科书中抽取信息，以及科学问答等任务。

框架表示法也有不可避免的缺陷。例如缺乏框架的形式理论，其推理和一致性检查机制并非基于良好定义的语义；缺乏过程性知识表示；缺乏对如何使用框架中的知识的描述能力；由于数据结构不一定相同，框架系统的清晰性很难保证。

4.1.4 语义网表示法

前面介绍了传统人工智能常用的三种知识表示方法，此外还有本书未描述的语义网络表示法、脚本表示法、过程表示法等。这些表示法都可以总结为将**知识数据化**的表示方法，特点是将知识符号化以便计算机能够表示、组织和存储。另一方面，随着互联网的发展，存储和检索海量数据的能力日益提高，人们对利用海量数据进行推理、预测等功能的需求不断提高。人们希望通过引入知识,使得原始数据能够支撑推理、问题求解等复杂任务,完成**数据知识化**,这个目标就是语义网(Semantic Web)。

语义网与语义网络(Semantic Network)是不同的概念,语义网的概念来源于万维网(World Wide Web),由 Tim Berners-Lee 于 1998 年提出,旨在对互联网内容进行语义化表示,通过对网页进行语义描述,得到网页的语义信息,从而使计算机能够理解、推理互联网信息,因此语义网也称为语义 Web。

语义网知识表示体系主要包括如下三个层次。

(1) XML:全称为 eXtensible Markup Language(可扩展标记语言)。XML 并不是专门为语义网设计,XML 的最初版本在 20 世纪 80 年代初被提出,是为了处理动态信息的显示,以及解决 HTML 在数据表示和描述方面混乱的问题而提出的技术标准。在网页内容传输过程中,HTML 只能利用预先定义好的标记集合,而 XML 是一种标记语言,可以由相关人士自由地标记集合,标签不再仅仅是网页格式的标志,而是含有自身的语义,这样极大地提升了语言的可扩展性。作为最早的语义网表示语言,XML 是从网页标签式语言向语义表达语言的一次飞跃。图 4.3 是 XML 格式文档的例子。

在标签"诗人"下包含了多个属性值,这与框架的表示形式类似,可以看成是诗人概念具有的属性。与框架不同的是,语义网的表示更加灵活,它可以直接定义属性和属性的关系,建立它们之间的联系。例如,除了如图 4.3 所示的定义形式,还可以定义标签＜诗人＞的两个属性"出生"和"出生地"并建立一个"部分—整体"关系连接"出生"和"出生地",而在框架结构中,要定义另一个框架并定义继承关系,才能表达同样的拓扑结构。但是 XML 不能显式地定

```
<诗人>
  <名>李白</名>
  <字>太白</字>
  <年代>唐</年代>
  <出身>
    <祖籍>甘肃省秦安县</祖籍>
    <出身地>四川绵阳江油市青莲乡</出身地>
  </出身>
</诗人>
```

图 4.3　XML 格式文档

义标签的语义约束,它的扩展版本 XML Schema 定义了 XML 文档的结构,指出了 XML 文档元素的描述形式。

(2) RDF:全称为 Resource Description Framework(资源描述框架),是一种资源描述框架。资源可以是任何东西,包括文档、人、物理对象和抽象概念。一个 RDF 陈述描述两个资源之间的关系,主语(subject)和宾语(object)分别指两个资源,"predicate"表达了这两个资源之间的关系。因为每个 RDF 陈述包含三个元素,因此 RDF 陈述也被称作 RDF 三元组(triples)。知识用统一的三元组形式表示,不论是在人的操作便捷性还是在计算机的高效性都有非常大的优势。下面是几个三元组表示知识的实例。

```
< Bob > < is a > < person >
< Bob > < is a friend of > < Alice >
< Bob > < is born on > < the 4th of July 1990 >
< Bob > < is interested in > < the Mona Lisa >
```

虽然 RDF 可以看成是 XML 的扩展或简化,但是与 XML 表示方式类似,标准的 RDF 同样是领域无关的。这既是 RDF 的优点,使其具有更大的自由度,但也成了它的缺点,使得同一领域中的不同知识内容难以交互融合,因此需要具有更高的表达能力和推理能力的知

识表示方法。

（3）OWL：全称是 Web Ontology Language（网络本体语言）。2001 年，W3C 组织开始将描述逻辑引入语义 Web，尝试构建完美的知识表现语言，称为 OWL。建立在 RDF 基础之上的 OWL 是本体语义表示语言。这个"本体"是从哲学层面借鉴来的，通过对象类型、属性类型以及关系类型对领域知识进行形式化描述的模型。本体强调的是抽象的概念表示，例如对于不同类型的人，关注他们之间具有什么类型的语义关系，而不关注具体的个体信息，如某人是什么类型的人，某人和某人是什么关系。因此，本体只对数据的定义进行了描述，而没有描述具体的实例数据。例如，OWL 可以描述"亚洲所有淡水湖""中国所有海拔4000m 以上的高山"这样的类。

遗憾的是 OWL 复杂度非常高，在逻辑上接近完美，但工程上实现却太过复杂。当前在工业界大规模应用的仍然是基于 RDF 的三元组语言。

4.1.5　知识图谱表示法

2012 年 5 月，谷歌公司发布了新一代知识搜索引擎，可以展示与关键词所描述的实体或概念相关的任务、地点和事件等信息，从而让使用者更加便捷地发现新知识。支持这种知识搜索功能的是一个称为知识图谱（Knowledge Graph）的基础设施。它是从维基百科（Wikipedia）抽取出来的、规模庞大的、以相互关联的实体及其属性为核心的知识网络。经过短短几年时间，知识图谱得到几乎所有搜索引擎企业的关注，他们纷纷大力投入研究，形成了多种多样的技术和应用方案，包括微软 Probase、百度知心、搜狗知立方等。伴随着人工智能的热潮，知识图谱已经在智能搜索、知识问答、大数据决策与分析等领域产生了重要应用。

目前在学术界，知识图谱并没有严格、绝对的学术概念。按照维基百科的描述，知识图谱是谷歌公司用来支持从语义角度组织网络数据，从而提供智能搜索服务的知识库。从这个意义上讲，知识图谱是一种比较通用的语义知识的形式化描述框架，如图 4.4 所示。

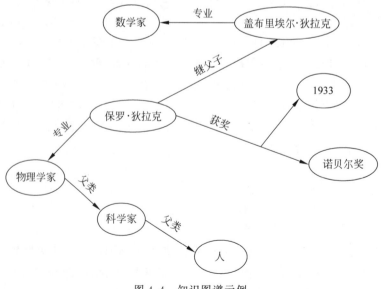

图 4.4　知识图谱示例

它用节点表示语义符号即事物或概念(事物是指客观世界中的实体或对象,例如"保罗·狄拉克""盖布里埃尔·狄拉克";概念是指具有相似本体特征的一类事物,例如"物理学家""科学家"),用边表示符号之间的语义关系,并且知识图谱用统一的形式对知识定义和具体实例数据进行描述。各个具体实例数据只有在满足系统约定的"框架"约束下运用才能体现"知识"。知识图谱中的知识定义和实例数据及其相关配套标准、技术、应用系统共同构成了广义的知识图谱。而狭义的知识图谱可以看成是三元组知识库的图结构表示。例如,图 4.5 中有"山东省""济南市"两个实体,两者各有自己的属性,两者之间则存在 provincial_capital 的关系。

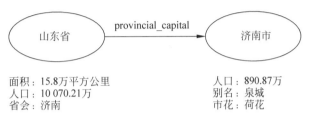

图 4.5　三元组示例

但是,知识图谱的知识表示绝不仅仅体现在以 RDF 为基础框架的三元组上,还体现在实体、类别、属性、关系等多粒度、多层次语义单元的关联之中,它是一个知识系统,以一种统一的方式表示了知识定义(Schema)和知识实例(Instance)两个层次的知识。

一方面,知识图谱可以看成是语义网的工程实现,知识图谱不专注于对知识框架的定义,而专注于如何以工程的方式从文本中自动获取知识,或依赖众包的方法获取知识,然后组建广泛的、具有平铺结构的知识实例,最后再要求它的结构具有容错、模糊匹配等机制。另一方面,知识图谱放宽了对三元组中各项值的要求,并不局限于实体,也可以是数值、文字等其他类型的数据。除此之外,语义网表示与知识图谱表示之间并没有明显的区别。现有的网络知识图谱大多也使用 RDF 等语义网的方式来对知识进行表示。

在知识图谱中,大量实体之间存在关联,但没有被发现,需要通过推理算法来进行补全,因此知识推理成为了知识图谱的一个重要任务。知识图谱推理分为两类:一类是基于符号逻辑进行知识表示和推理,符号逻辑能够很好地描述逻辑推理,但是其生成推理规则的能力很弱,往往需要大量的人力,而且传统方法对数据的质量要求较高,因此,在目前大规模数据的时代背景下,基于符号逻辑的方法已经不能很好地解决知识表示问题。另一类是基于机器学习的推理方法,这类方法的思想是先将知识图谱中的实体与关系统一表示为"多维实数向量",来刻画它们的语义特征,然后通过向量之间的相似度计算,预测可能出现的新的三元组,从而实现推理。这一类典型的算法是 Antoine Bordes 等人于 2013 年提出的 TransE 方法,以及后来大量的对 TransE 进行扩展和应用的工作,如通过优化向量表示模型、结合文本等外部信息、应用逻辑推理规则等方法,提升模型效果,用来表示更复杂的关系。

知识图谱以丰富的语义表示能力和灵活的结构构建了在计算机中表示认知世界和物理世界中信息和知识的有效载体,成为人工智能应用的重要基础设施。目前现有的知识图谱按照信息来源和获取方式的不同,可以分为以下几类。

(1) 早期依靠人工构建的知识图谱:早期的知识资源通过人工添加和合作编辑获得,如英文的 WordNet、Cyc 项目及中文的知网(HowNet)。Cyc 始建于 1984 年,最初的目标是建立人类最大的常识知识库,将上百万条知识编码为机器可处理的形式,并以其为基础实现知识推理等人工智能相关任务,共包含50万个实体、近3万个关系及500万条事实。WordNet是词典知识库,由普林斯顿大学的认知科学实验室于1985年主持构建,采用人工标注的方法,将英文单词按照语义组成一个大的概念网络。WordNet将词语进行聚类,成为同义词集(Synset),用来表示一个基本的词汇语义概念,词集之间也有包括同义、反义、上下位、整体与部分在内的各种关系。目前,WordNet 3.0中已经包含15万个词语和20万条语义关系,成为目前的语义分析中的重要工具。知网(HowNet)是由董振东教授主持开发的一个以中文和英文词语所代表的概念为描述对象、以揭示概念与概念之间以及概念所具有的属性之间的关系为基本内容的常识知识库。

(2) 基于众包数据构建的知识图谱:维基百科是至今利用众包数据建立的、互联网上最大的知识资源,基于此资源构建出了很多新的知识图谱,如DBpedia、YAGO和Freebase等。DBpedia以构建本体的形式对知识条目进行组织,是从维基百科(Wikipedia)抽取出来的链接数据集。YAGO融合WordNet良好的概念层次结构和维基百科中的大量实体数据,同时为很多知识条目增加了时间和空间的属性描述。Freebase基于维基百科,利用开源的方法吸引用户贡献数据,构建了包含6800万实体的结构化数据的知识图谱。清华大学和上海交通大学通过抽取互动百科、百度百科中的知识,建立了大规模知识图谱XLORE和Zhishi.me。

(3) 面向互联网链接数据构建的知识图谱:W3C于2007年发起了关联开放数据项目(Linked Open Data,LOD),为实现网络环境下的知识发布、互联、共享和服务创新技术,为智能搜索、知识问答和语义集成提供了创新源动力。在技术层面上,从LOD开始,语义网开启了"语义推理"的部分,更强调Web部分,因此,LOD可以看作是语义网的一个简化集合。在实现层面,LOD鼓励使用RDF三元组形式描述知识,而理论更完备的OWL系列方法则很少使用。

(4) 通过机器学习和信息抽取自动获取知识而构建的知识图谱:**从互联网数据自动获取知识是建立可持续发展知识图谱的发展趋势,自动构建知识图谱技术的发展极大提升了知识图谱的规模及覆盖的知识领域。**典型代表有卡内基·梅隆大学的"永不停歇的语言学习者"NELL系统,通过采用互联网挖掘技术从Web自动抽取三元组的方式进行知识构建。华盛顿大学图灵中心的KnowItAll项目具有与此相同的愿景,目的是让机器自动阅读互联网上的文本内容。

知识图谱是人工智能的重要分支,目的在于模仿人类的思维方式,对大数据时代高效的知识管理、知识获取、知识共享具有深远的意义。目前知识图谱已应用在智能辅助搜索、智能辅助问答、智能辅助决策等领域。虽然取得了显著的进步和发展,但知识图谱仍然有大量的难题急需解决,尤其随着数据的爆炸式增长,知识图谱的规模越来越大,呈现出结构复杂多样性、数据动态变化性以及查询实时响应等多种特征和需求,这些是未来知识图谱必须应对的挑战。

4.2 专家系统

专家系统是人工智能研究中最重要的分支之一,它实现了人工智能从理论研究走向实际应用、从一般思维方法的探讨转入运用专门知识求解专门问题的重大突破。

4.2.1 专家系统概述

专家系统(Expert System)是一种具有大量专门知识的计算机智能程序系统。它能运用特定领域中众多专家提供的专业知识和经验,并采用推理技术模拟解决该领域中通常由专家才能解决的各种复杂问题,其对问题的求解可在一定程度上达到专家解决同等问题的水平。例如,呼吸科医生的 CT 影像诊断能力、多数据综合分析和解释能力、病情发展的预测能力等。

不同领域和不同类型的专家系统,由于实际问题的复杂度、功能的不同,在实现时其实际结构之间存在着一定的差异,但从概念上看,其结构基本不变。一个专家系统一般由知识库、全局数据库、推理机、解释机、知识获取和用户界面 6 个部分组成,如图 4.6 所示。

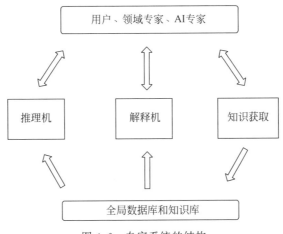

图 4.6 专家系统的结构

知识库是领域知识的存储器。它存储专家经验、专业知识与常识性知识,是专家系统的核心部分。知识库可以由事实性知识和推理性知识组成。知识是决定一个专家系统性能的主要因素。一个知识库必须具备良好的可用性、确实性和完善性。要建立一个知识库,首先要从领域专家处获取知识,也称为知识获取。然后将获得的知识编排成数据结构并存入计算机中,就形成了知识库,可供系统推理判断使用。

全局数据库也称动态数据库,存储的是有关领域问题的事实、数据、初始状态、推理过程的各种中间状态及求解目标等。实际上,它相当于专家系统的工作存储区,存放用户回答的事实、已知的事实和由推理得到的事实。

推理机是完成推理过程的程序,它由一组用来控制、协调整个专家系统方法和策略的程序组成。推理机根据用户的输入数据,利用知识库中的知识,按一定的推理策略求解当前问题,解释用户的请求,最终给出结论。

在专家系统中,推理方式有:正向推理、反向推理、混合推理。在上述三种推理方式中,又有确定性推理与不确定性推理之分。因为专家系统是模拟人类专家进行工作,所以推理机的推理过程应与专家的推理过程尽可能一致。

解释机解释专家系统的推理过程,并采用可理解的方式回答用户的提问,使用户了解推理过程及推理过程所运用的知识和数据。

知识获取是专家系统的学习部分,它修改知识库中原有的知识,增加新的知识,删除无用的知识。一个专家系统是否具有学习能力以及学习能力的强弱,是衡量专家系统适应性的重要标志。

用户界面实现系统与用户的信息交换,为用户使用专家系统提供一个友好的交互环境。用户通过界面向系统提供原始数据和事实,或对系统的求解过程提问;系统通过界面输出结果,或回答用户的提问。

被誉为"专家系统和知识工程之父"的费根鲍姆(Edward Feigenbaum)所领导的研究小组于 1968 年成功开发出世界上第一个专家系统 DENDRAL,该专家系统用于质谱仪中,可分析和预测有机化合物的分子结构。1971 年,麻省理工学院开发了 MYCSYMA 专家系统,引入专家知识来解决特定的数学问题,如微积分、微分方程求解等。DENDRAL 和 MYCSYMA 系统可以看作专家系统的第一代,这个时期的专家系统往往针对高度专业化问题来设计,在专业问题的求解方面能力强大,但通用性不强,也缺乏推理、解释功能。

1972—1976 年,斯坦福大学又成功开发 MYCIN 医疗专家系统,用于抗生素药物治疗。它是第一个具有完整结构的专家系统,第一次明确了知识库的概念,使用了可信度方法,实现了不确定性推理,能够给出推理过程的解释和可信度估计,成为专家系统的典型代表。此后,许多著名的专家系统相继产生,如 PROSPECTOR 地质勘探专家系统、CASNET 青光眼诊断治疗专家系统、RT 计算机结构设计专家系统。这个时期的专家系统属于学科专业型应用系统,使用逻辑设计语言 LISP 编写程序,结构完整,功能较全面,可移植性好;用产生式、框架、语义网络表达知识,把具有一定普遍意义的推理方法与大量同领域的专门知识结合起来,使得系统具有广泛的通用性。

进入 20 世纪 80 年代,专家系统逐渐商业化。如 DEC 公司与 CMU 联合开发的 XCON 系统,用于自动为用户定制计算机配置,产生了非常高的经济效益,从 1980 年投入使用到 1986 年,XCON 系统一共处理了 8 万个订单,每年能节省两千万美元。同时期的骨架专家系统 EYCIN、多学科综合性专家系统 HPP'-80 分别是知识工程系统工具与应用系统。

4.2.2 专家系统的构建举例

本节将通过专家系统的几个基本部分(知识库、推理机、解释机)来介绍识别动物的专家系统的设计方法。

1. 知识库的构建

该系统采用规则表示知识,每一条规则都是 IF-THEN 形式。IF 代表规则的前件部分,它可以是多个条件的逻辑组合;THEN 代表规则的后件或结论部分,也可以是若干结论的组合。该系统可以识别金钱豹、老虎、斑马、长颈鹿、企鹅、信天翁 6 种动物。系统包括 14 条规则,如下所示。

r_1: IF 该动物有毛发 THEN 该动物是哺乳动物

r_2: IF 该动物有奶 THEN 该动物是哺乳动物

r_3: IF 该动物有羽毛 THEN 该动物是鸟

r_4: IF 该动物会飞 AND 会下蛋 THEN 该动物是鸟

r$_5$: IF 该动物吃肉 THEN 该动物是肉食动物

r$_6$: IF 该动物有犬齿 AND 有爪 AND 眼盯前方 AND 是哺乳动物 THEN 该动物是肉食动物

r$_7$: IF 该动物是哺乳动物 AND 有蹄子 THEN 该动物是有蹄类动物

r$_8$: IF 该动物是哺乳动物 AND 是反刍动物 THEN 该动物是有蹄类动物

r$_9$: IF 该动物是肉食动物 AND 是黄褐色 AND 身上有暗斑点 THEN 该动物是金钱豹

r$_{10}$: IF 该动物是肉食动物 AND 是黄褐色 AND 身上有黑色条纹 THEN 该动物是老虎

r$_{11}$: IF 该动物是有蹄类动物 AND 有长脖子 AND 有长腿 AND 身上有暗斑点 THEN 该动物是长颈鹿

r$_{12}$: IF 该动物是有蹄类动物 AND 身上有黑色条纹 THEN 该动物是斑马

r$_{13}$: IF 该动物是鸟 AND 有长脖子 AND 有长腿 AND 不会飞 THEN 该动物是鸵鸟

r$_{14}$: IF 该动物是鸟 AND 会游泳 AND 不会飞 AND 有黑白两色 THEN 该动物是企鹅

2. 推理机的推理过程

本例采用正向推理技术。其基本策略是:用户通过人机界面输入一批事实,推理机将这些事实依次与知识库中各规则的前提匹配,若某规则的前提全被事实满足,则该规则可以得到运用,规则的结论部分作为新的事实存储。然后,用更新过的事实再与其他规则的前提匹配,直到不再有可匹配的规则为止。当用户要求系统识别某种动物时,必须向系统提供关于该动物的一批事实。

例如,某用户要求系统识别某种动物时,该用户向系统提供的事实有:该动物有毛发,有犬齿,有爪,眼盯前方,身上有暗斑点,是黄褐色。

推理机用这些事实匹配规则库中的规则。首先,由于该动物有毛发,匹配了规则 r$_1$,可断定该动物是哺乳动物;接着,用这个新事实及有犬齿、有爪、眼盯前方的事实,匹配了规则 r$_6$,可断定该动物是肉食动物;最后,由于该动物是肉食动物、是黄褐色且身上有暗斑点,匹配了规则 r$_9$,得到最终结论——该动物是金钱豹。

3. 解释机

专家系统一般能向用户解释得到的结论,这可根据推理机的推理轨迹来实现。例如,用户问"为什么说该动物是金钱豹?",则系统根据推理过程,解释得到结论的理由如下:

因为该动物有毛发,所以该动物是哺乳动物;(规则 r$_1$)

因为该动物有犬齿、有爪、眼盯前方、是哺乳动物,所以该动物是肉食动物;(规则 r$_6$)

因为该动物是肉食动物、是黄褐色、身上有暗斑点,所以该动物是金钱豹。(规则 r$_9$)

构建一个成功的专家系统,关键在于获取、表示和运用知识。它要求用计算机模拟专家的智能,首先必须要解决的重要问题是知识在计算机中的表达方式。问题的本质是采取适当的逻辑结构和数据结构,将某一领域的知识表达清楚,并能进行有效的存储。知识表示的核心问题就是研究用合适的形式来表示知识,如产生式规则、框架结构等。其次,专家系统所需要的专业知识和推理能力存储在专家的大脑里,必须把这些知识提取出来,转化为计算机内的符号和数据结构。最后,需要设计高效的推理机制,来利用知识解决具体问题。在这三部分工作中,知识获取是最重要的环节,也是最关键和最困难的环节,成为构建专家系统的瓶颈问题。

4.2.3　不确定性推理

4.2.2节给出的专家系统的产生式规则中,前件是真的事实时,后件即结论必然为真,然而在真实世界中,规则不总是完全确定的。例如"如果明天下雨我就会打伞"。假设"明天不一定下雨,只是有可能下雨",那么"打伞"这个结论也不一定会发生,如果可以用适当的方式估计出下雨的概率,那么结论发生的概率可以合理地认为是同样的概率。也就是说在不确定的情况下,推理仍然可以进行。推广到一般的情况,不确定性推理需要回答这样三个问题:(1)不确定性有哪些?如何度量?(2)如何进行不精确的推理?(3)如何从不精确的推理中得到合理的结论?这三个问题按以下规则予以回答。

以基于规则的产生式系统为例,通过专家赋值或案例统计等方法,给规则库中的每条规则赋予一个置信度,根据具体问题初始证据的置信度值和规则的置信度值,可得到具体问题求解结论的置信度,这就是不确定性推理的基本思想。

不确定性推理的一般形式可如下描述:

$$\text{IF }A\text{ THEN }B\quad CF(B,A) \tag{4.9}$$

其中 $CF(B,A)$ 表示 A 成真时 B 为真的置信度。例如:

$$\text{IF 阴天 THEN 下雨}\quad 0.7$$

表示"如果阴天则下雨"的置信度是 0.7。

证据 A 的置信度一般记为 $CF(A)(\in[-1,1])$,表示问题求解时当前状态下命题 A 的可信程度,刻画了证据为真的程度。A 为真时,$CF(A)=1$;A 为假时,$CF(A)=0$;$CF(A)$ 的值为负时,表示 A 的反面为真的可信程度。

规则的前件 A 可以是单独命题形式的条件项,也可以是由简单命题以逻辑联结词组合起来生成的复合命题条件项。A 可能不只支持一条规则,例如 $A=A_1\wedge A_2\wedge A_3$ 就是一个复合条件。这时可以根据以下不确定性的逻辑运算规则,计算前件 A 的置信度:

$$CF(A_1\wedge A_2)=\min\{CF(A_1),CF(A_2)\} \tag{4.10}$$

$$CF(A_1\vee A_2)=\max\{CF(A_1),CF(A_2)\} \tag{4.11}$$

$$CF(\neg A)=-CF(A) \tag{4.12}$$

例如,已知 $CF(阴天)=0.7$,$CF(湿度大)=0.5$,则 $CF(阴天\text{ and }湿度大)=0.5$。

在推理规则 IF　A　THEN　B　$CF(B,A)$ 与事实 A 的置信度 $CF(A)$ 已知时,应用下面公式计算结论 B 的置信度:

$$CF(B)=\max\{0,CF(A)\}\times CF(B,A) \tag{4.13}$$

意思是:结论 B 的置信度是规则的置信度与证据置信度的乘积。证据置信度最低为 0,即不考虑证据不成立的情况。例如,已知:

```
IF  阴天  THEN    下雨    0.7
CF(阴天) = 0.5
```

则 $CF(下雨)=0.35$。

如果从两条规则都能得到结论 B,且规则 1 得到结论 B 的置信度为 CF1(B),规则 2 得到结论 B 的置信度为 CF2(B),则应用如下公式计算 B 的最终置信度:

$$
CF(B) = \begin{cases} CF1(B) + CF2(B) - CF2(B) \times CF2(B) & \text{当 } \min\{CF1(B), CF2(B)\} > 0 \\ CF1(B) + CF2(B) + CF2(B) \times CF2(B) & \text{当 } \min\{CF1(B), CF2(B)\} < 0 \\ CF2(B) + CF2(B) & \text{其他} \end{cases}
$$

$$(4.14)$$

例如,有下面两条规则:

IF　　阴天　THEN　　下雨　0.7

IF　　湿度大　THEN　　下雨　0.5

且 $CF(阴天) = 0.6$,$CF(湿度大) = 0.4$,则:

$$CF1(下雨) = 0.6 \times 0.7 = 0.42$$
$$CF2(下雨) = 0.4 \times 0.5 = 0.2$$
$$CF(下雨) = 0.42 + 0.2 - 0.42 \times 0.2 = 0.536$$

上述方法就是典型的不确定性推理方法,又称 CF 推理或者置信度推理,是由 Shortliffe 等人提出的。该方法在医疗专家系统 MYCIN 中得到成功的应用,是不确定性推理的典型代表。除了以上的方法,还有许多不确定性推理方法,如基于概率的贝叶斯推理、基于模糊数学的模糊推理等,有兴趣的同学可以进一步查阅相关资料。

参考文献

[1] GIARRATANO J C,RILEY G D. 专家系统原理与编程[M]. 4 版. 印鉴,等译.北京:机械工业出版社,2006.

[2] 朱福喜. 人工智能[M]. 3 版. 北京:清华大学出版社,2017.

[3] 赵军,刘康,何世柱,等. 知识图谱[M]. 北京:高等教育出版社,2018.

[4] 尚文倩. 人工智能[M]. 北京:清华大学出版社,2017.

[5] 李涓子,侯磊. 知识图谱研究综述[J]. 山西大学学报(自然科学版),2017,40(3):454-459.

扩展阅读

[1] 开放的中文知识图谱[EB/OL]. [2020-05-31]. http://www.openkg.cn/.

[2] 蔡自兴. 高级专家系统:原理设计及应用[M]. 2 版.北京:科学出版社,2019.

[3] GIARRATANO J C,RILEY G D. 专家系统原理与编程[M]. 4 版.印鉴,等译.北京:机械工业出版社,2006.

[4] 赵军,刘康,何世柱,等. 知识图谱[M]. 北京:高等教育出版社,2018.

[5] 王昊奋. 知识图谱:方法、实践与应用[M].北京:电子工业出版社,2019.

习题 4

一、单项选择题

1. 关于命题逻辑和谓词逻辑之间的关系描述正确的是(　　　)。

A. 命题逻辑和谓词逻辑是等价的

B. 命题逻辑的表达能力强于谓词逻辑

C. 谓词逻辑的表达能力强于命题逻辑

D. 两种没有任何关系

2. "大学"的知识包括校名、校长、地址、人数、学院等要素信息,为了描述"大学"相关的整体认识,可以采用以下知识表示方法中的(　　　)。

A. 一阶谓词　　　　B. 产生式表示　　　C. 集合表示法　　　D. 框架表示法

3. 以下人工智能的知识表示方法中,不属于知识数据化的是(　　　)。

A. 逻辑表示法　　　B. 产生式表示法　　　C. 框架表示法　　　D. 语义网表示法

4. 专家系统的推理方式中不包括(　　　)。

A. 正向推理　　　　B. 反向推理　　　　C. 混合推理　　　　D. 消解推理

二、多项选择题

1. 产生式系统包括(　　　)。

A. 规则库　　　　　B. 事实库　　　　　C. 推理机　　　　　D. 控制器

2. 在知识图谱的发展中,许多知识库从维基百科中获得相关知识,例如(　　　)。

A. Freebase　　　　B. DBpedia　　　　C. YAGO　　　　　D. ConceptNet

3. 在专家系统的一般结构中,其核心包括(　　　)。

A. 人机交互接口　　B. 推理机　　　　　C. 解释机　　　　　D. 知识库

三、判断题

1. 一阶逻辑是命题逻辑的推广,因此谓词一定是命题。(　　　)

2. 框架表示法的优点是具有一致性。(　　　)

3. 专家系统是模仿专家解决问题的方法。(　　　)

四、简答题

1. 什么是产生式表示法?它与一阶谓词表示法的联系和区别是什么?

2. 什么是语义网?语义网与知识图谱的关系是什么?

3. 专家系统有什么特点?

第5章

搜 索 技 术

5.1 搜索问题的定义

搜索是为了达到某一目标而进行寻找的过程。搜索技术就是对寻找目标的过程进行引导和控制的技术，它是人工智能领域的基本技术之一。在生活中我们无时无刻不在做出选择，出门旅行该走哪一条路，运输货物时应该如何摆放，其实都是在多种方案中搜索最好的或者看起来最好的，都是人工智能搜索技术需要解决的问题。

例如常见的农夫过河问题：农夫、狼、羊、白菜在河边准备渡河，只有农夫能开船，船上除农夫外只能放一个动物或物品，如没有农夫看管，狼会吃羊，羊会吃白菜，试问农夫如何才能让所有动物和物品安全渡河？若要解决此问题，每次渡河前(当前状态)必须从多种可选方案中选出正确或看起来正确的方案(候选的"下一个状态")，其实质是从多种有前后关系的方案中不断进行选择，直到搜索出一个满足条件的渡河方案。同时，如何最快地搜索到满足条件的方案，满足条件的方案是否是代价最小的(这里可考虑渡河步骤最少的)，也是需要考虑的问题。

搜索技术是人工智能技术的重要组成部分，也是早期人工智能的主要基础技术之一。在早期的研究中，深度优先、广度优先等盲目搜索技术和启发式搜索技术就得到了广泛应用，如求解八数码问题、五子棋问题等。1968 年，尼尔斯·约翰·尼尔森(Nils John Nilsson)发明了 A* 搜索算法，为人工智能领域带来了重大影响。A* 算法广泛应用于状态空间求解。博弈搜索也是搜索技术的另一大应用。从 20 世纪 60 年代起，人们对博弈搜索的研究也极大促进了人工智能的发展。20 世纪 90 年代，IBM 公司的"深蓝"计算机战胜了人类的国际象棋世界冠军，把博弈搜索推向了高峰。近年来，深度学习技术兴起，人们把深度学习技术和博弈搜索技术相结合，使得计算机战胜了人类的围棋世界冠军，宣告了人工智能发展新高潮的来临。

5.2 状态空间

问题求解过程中的每一步问题状况可称为一个状态,一个问题的全部状态以及这些状态之间的相互关系称为状态空间,通常可以用图来表示,称为状态空间图。很多搜索问题都可以转化为状态空间图的搜索,上述农夫过河问题也是如此。若我们用一个长度为 4 的数组表示过河状态,某一个数组元素值为 0 表示在河的左岸,值为 1 表示在河的右岸,数组第 1 个元素到第 4 个元素分别表示农夫、狼、羊、白菜的过河状态,上述问题则转化为:出发时的状态可表示为 (0,0,0,0),最后需要达到的状态为 (1,1,1,1),渡河过程中每一步的状态和可选择的方案都可以表示为一组数组值,如 (1,0,1,0) 表示农夫和羊过了河,狼和白菜留在河的左岸。又因为狼要吃羊、羊要吃白菜,所以有些状态是不能出现的,如 (1,1,0,0)、(0,1,1,0) 等。如果一个状态可以直接变化为另外一个状态,二者之间就有一个链接,如 (0,0,1,0) 可以直接变化为 (1,1,1,0) 或 (1,0,1,1)。因此,所有可能的选择可以构成一棵"树",如图 5.1 所示,则搜索的过程相当于找到从结点 (0,0,0,0) 出发到结点 (1,1,1,1) 的过程。

如图 5.1 所示的状态和连接构成的图便是农夫过河问题的状态空间图。基于状态空间图的搜索即是找到从初始状态到目标状态的路径的过程。

农夫过河问题比较简单,其搜索过程产生的状态是有限的,因此可以构建完整的状态空间图。然而实际生活中碰到的问题往往比较复杂,比如下围棋,其状态太多,不可能用状态空间图完整地表示出来。一般的处理方式是边搜索边生成后续的状态结点,直到找到目标状态结点,这样可以避免生成不会搜索到的状态结点。在搜索过程中,生成的无用状态结点越少,搜索效率也就越高,这也是评价一个搜索策略好坏的标准之一。如图 5.2 所示,如果最终搜索的路径是 1-2-5-6-3-7-10-11,则虚线结点不用生成。

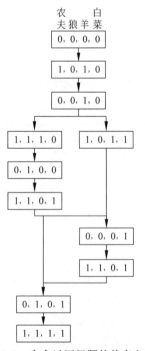

图 5.1　农夫过河问题的状态空间

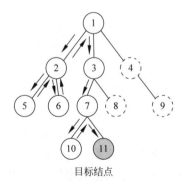

图 5.2　图的生成

搜索策略可分为盲目搜索和启发式搜索。在状态空间图的搜索过程中,如何从待选择结点集合中选择下一步的搜索目标呢? 如果在选择时利用了相关知识和启发策略,则这种搜索称为启发式搜索,否则称为盲目搜索。

5.3 盲目搜索

盲目搜索又称为通用搜索,常见的盲目搜索策略包括深度优先和广度优先搜索策略。盲目搜索不针对特定问题,实际上相当于按照一定的顺序遍历状态空间图中的所有结点以找到目标结点,因此算法简单,适应性非常强,但是搜索效率低下。对于状态很多的问题,如下国际象棋,盲目搜索不可能在有限的时间内完成搜索工作,但是对于一些较为简单的问题,盲目搜索可以发挥其优势。

5.3.1 深度优先搜索

深度优先搜索首先考虑纵深方向的搜索,如果没有下级的结点可搜索,则"回溯"到上一级,更换其他路线继续往纵深方向搜索,直到搜索到目标结点。从多个下级结点进行选择时,通常选择从左边起第一个未被搜索到的结点开始向右搜索(选择从右边起也是一样)。如图 5.3(a)是需要搜索的状态空间图,假设目标结点是 11,初始出发结点是 1,先逐级往下级搜索直到搜索到结点 5(见图 5.3(b)),结点 5 没有下级,并且此时还没有搜索到目标结点,因此需要"回溯"到结点 2。在图 5.3(c)中,回到结点 2 后继续搜索结点 2 的下级结点中未被搜索

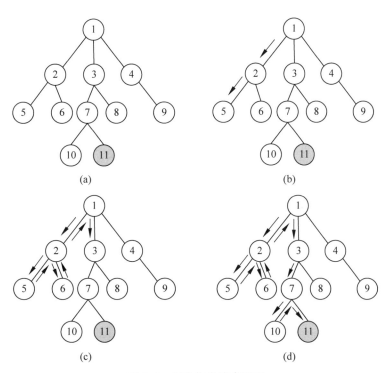

图 5.3 深度优先搜索过程

到的结点 6 并继续往下搜索,发现结点 6 也没有下级,则继续"回溯"到结点 2,此时结点 2 已经没有未被搜索的下级结点,因此继续"回溯"到结点 1,选择结点 1 的下级结点中未被搜索的结点 3,图 5.3(d)中,按照此规则继续从结点 3 往下搜索,直到搜索到目标结点 11。

深度优先搜索的特点是能很快地往纵深方向搜索。若目标结点在图的最左边,则能很快搜索到。若在右边,则搜索效率大大降低。同时要注意,深度优先搜索时已经被搜索过的结点不能重复搜索,否则会出现"死循环"问题,即一直循环搜索部分结点,永远不会结束。

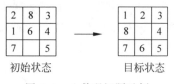

图 5.4 八数码问题示例

以下以八数码问题为例,看看如何用深度优先搜索解决此问题。八数码问题是 8 个数字放在一个 3×3 的表格中,表格中的数字可以和相邻的空格交换位置。八数码问题的操作过程是给定一个初始状态和一个目标状态,需要通过上述交换操作把初始状态变为目标状态,图 5.4 是一个八数码问题示例。

若我们将表格中的空格按照左、上、右、下的顺序依次尝试和其他数字交换位置,则其深度优先搜索过程如图 5.5 所示,图中每个结点的序号代表该结点被搜索的顺序。

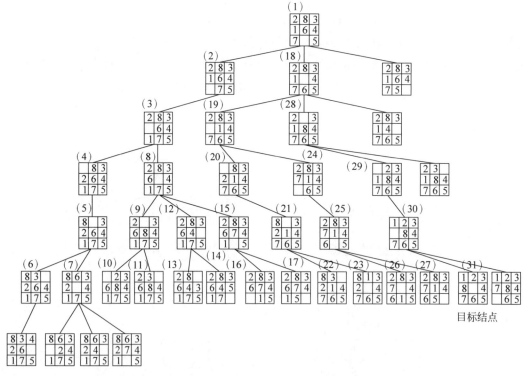

图 5.5 深度优先搜索求解八数码问题

在进行深度搜索时,应优先搜索下级结点,但是如果这个状态空间图的深度过深,导致结点过多,会使得算法的运行时间过长,为了把搜索限制在一定的时间范围内,通常可以限制搜索的深度(所谓"深度"即是从初始结点到某个结点所经过的"层"数)。图 5.5 中的搜索指定了搜索的深度为 6,当到达搜索深度限制后,无论是否还有下级结点,都回溯到上一级结点继续搜索,直到找到目标结点。当搜索到结点 6 时,由于到达了深度限制,所以略过结点 6 的下级,回溯到结点 5,按照此策略继续搜索,直到搜索到结点 31。

限制搜索深度可以减少搜索时间,但有可能造成搜索不到目标结点,例如如果图 5.5 的搜索深度限制设置为 5,则搜索不到正确解。因此在设置搜索深度限制时,需要根据经验设置合理值,或者当搜索不到目标结点时,动态地逐步增大搜索深度。

5.3.2 广度优先搜索

广度优先搜索首先考虑水平方向的搜索,如果水平方向上所有结点都已搜索完毕,并且未搜索到目标结点,则继续搜索下一级,直到搜索到目标结点。通常选择从左边起开始搜索同级的结点(选择从右边起也是一样)。如图 5.6 所示,从结点 1 开始搜索,按从左至右的顺序逐层搜索每一个结点,直到目标结点 11。

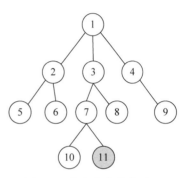

图 5.7 是用广度优先搜索求解八数码问题的过程,序号代表搜索顺序,注意图中省略了一些结点(如结点 4)的下级,在真实的搜索过程中不能省略。

广度优先搜索和深度优先搜索都属于盲目搜索,两者的搜索效率本质上没有差别,当状态空间图的宽度(指同一级的结点个数)过大时,也可以采取限制搜索宽度的方式控制算法的执行时间。

图 5.6 广度优先搜索过程

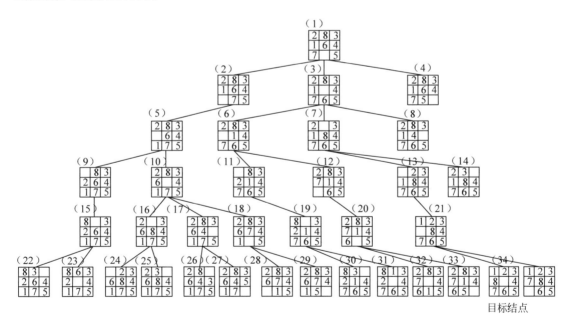

图 5.7 广度优先搜索求解八数码问题

5.4 启发式搜索

人类在进行选择时,很多时候会利用一定的线索或者经验知识来帮助确定选择方向。比如,在爬山时,如果面前有两条路(一条为上坡,另一条为下坡),我们很可能会选择上坡的路,虽然选择上坡路不一定能到达山顶,但是根据人的经验,上坡的路到达山顶的概率更大,这体现了一定的智能。

目标结点

图 5.8   八数码问题结点选择

人在解决八数码问题时,会根据经验选择看起来更好的结点作为下级结点。图 5.8 中,当人在面临 A 和 B 两个结点时,往往会选择 B 作为下一步的搜索方向,因为 B 和目标结点看起来更相似(看起来更好)。

启发式搜索便是利用一个启发函数来模拟人在进行选择时的这种"启发性",用这个启发函数来评估当前备选状态和目标状态的相似性,一般用 $h(x)$ 来表示,x 代表一个备选状态。确定启发函数是启发式搜索算法的关键。

通常,启发函数可以定义为对备选状态到目标状态的距离或者差异的度量,也可以定义为当前结点在最佳路径上的概率或者某种规则,具体如何定义需要考虑待解决的问题的实际情况。以图 5.9 所示的八数码问题为例,当前状态为 A,B、C、D 为 3 个备选子结点。如何对备选结点进行评估呢?

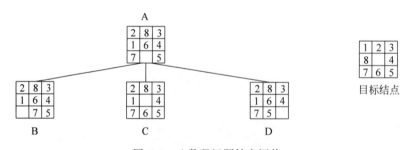

图 5.9   八数码问题结点评估

我们可以通过一些策略来定义启发函数对结点进行评估,最直观的策略是考虑不在正确位置的数字的个数,则我们定义启发函数为:

$$h(x) = 不在正确位置的数字的个数$$

根据上述启发函数的定义,我们可以计算出每个结点的 $h(x)$ 值,显然,$h(x)$ 值越小,则结点看起来越好。可计算出 $h(B)=5,h(C)=3,h(D)=6$,则 C 是最好的选择。根据这个启发函数,重新搜索前面的八数码问题的状态空间图。图 5.10 中深色背景的结点是被选中过的结点,浅色背景的结点是未被选中过的结点,每个结点上方的括号中标明了该结点的 $h(x)$ 值。图 5.10 的步骤①选择了结点 A,然后展开其下级结点 B、C、D 作为备选结点。步骤②从备选结点中选择了 C 并继续展开结点 C 的下级,此时备选结点有 5 个(B、D、E、F、G),其中结点 E 和 F 的 $h(x)$ 值最小且值相同,在步骤③中通常选择左边的结点 E 并按此规则搜索到结点 P。在步骤④中,由于结点 P 没有下级,所以在备选结点中 F 的值最小,因此选择结点 F 并直到搜索到目标结点。

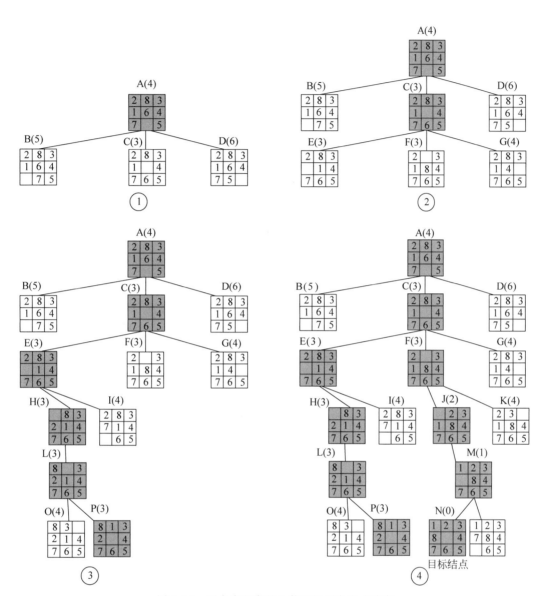

图 5.10 不考虑距离的八数码问题启发式搜索

然而,上述搜索过程中为了简化问题省略了部分结点,如 P 结点并未继续展开下级。如果 P 结点继续展开且有 $h(x)$ 值不大于 3 的下级结点,则会继续选择其下级结点,这样可能搜索不到或者要花更多的时间才能搜索到目标结点。如何才能避免这种情况? 一种方案是在计算 $h(x)$ 值时不仅考虑备选结点与目标结点的相似性,同时也考虑从初始结点搜索到备选结点的代价,这样如果当前的下级备选结点的代价过大,即使其下级与目标结点相似度很高,也可能选择其他结点,这便是完整的启发式搜索,其典型的代表是 A 算法。

根据上述思路完善算法,用 $f(x)$ 代表搜索 x 所花费的总代价,增加一个函数 $g(x)$,代表从初始结点搜索到当前结点 x 所花的代价,$h(x)$ 为启发函数,代表从当前结点到目标结点的可能代价,则代价函数为:

$$f(x)=h(x)+g(x)$$

用代价函数代替启发函数对所有结点进行评估。还是以上述八数码问题为例,$g(x)$代表从初始结点到 x 结点的最小步数,则 $f(A)=4+1=5$,$f(H)=3+4=7$,根据代价函数重新进行搜索,其过程变为图 5.11。由图 5.11 可见,比起前面不考虑从初始结点到备选结点代价的搜索,A 算法在此例中有着更好的搜索效率。

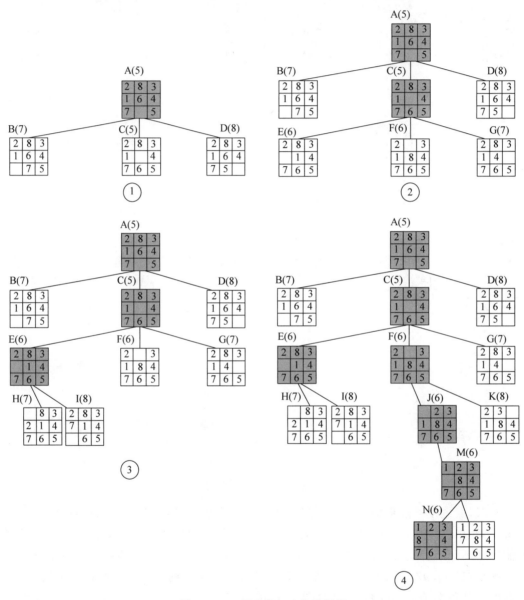

图 5.11　A 算法求解八数码问题

A 算法可以用以下思路来实现:用一个 OPEN 表保存搜索图上已经生成但还没扩展下级的结点,用一个 CLOSE 表保存已经生成且已经扩展了下级的结点。OPEN 表中的结点按照代价函数值由小到大排列。算法先把初始结点放入 OPEN 表,从 OPEN 表中取出第一个结点(代价函数值最小的),若该结点是目标结点则结束,否则把结点放入 CLOSE 表中并扩展该结点的下级；检查扩展出的所有下级结点，如果结点不在 OPEN 表也不在 CLOSE 表中，则把下级结点放到 OPEN 表中并重新排序（图 5.12 步骤①、②中对 A，B 的扩展）；若该下级结点在 OPEN 表中，则说明找到了另一条到该下级结点的路径，根据最短的路径，重新计算该下级结点的代价函数值并重排 OPEN 表（观察图 5.12 步骤③、④中 F 结点代价函数值的变化）；若该下级结点在 CLOSE 表中，则到该下级结点又有新的路径，根据最短路径重新计算该下级结点的代价函数值并更新，把该下级结点从 CLOSE 表中移除，放到 OPEN 表中，并重排 OPEN 表，如此循环，直到找到目标结点或者 OPEN 表为空。

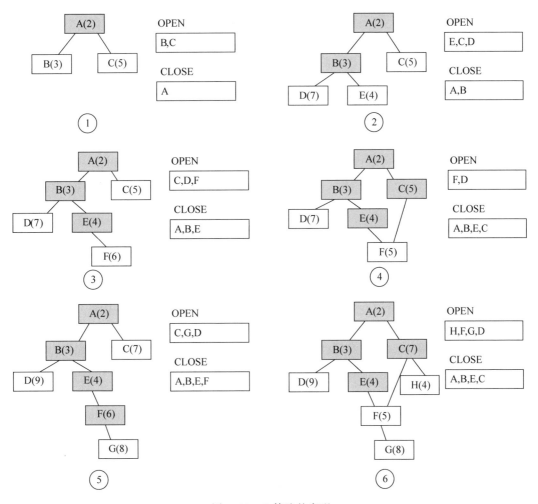

图 5.12　A 算法的实现

根据 A 算法的定义，无法保证一定能找到最优解，因此提出了 A^* 算法，其定义是：在 A 算法中，如果代价函数 $f(x)=h(x)+g(x)$，$h^*(x)$ 是经过 x 结点到目标结点实际的最小代价，若 $h(x) \leqslant h^*(x)$，则称该 A 算法为 A^* 算法且该算法能保证找到目标结点。换言之，A^* 算法是 A 算法中满足 $h(x) \leqslant h^*(x)$ 的一类。

　　然而并不知道 $h^*(x)$ 是多少,只能根据具体问题来定义。以上述八数码问题为例,当规定 $h(x)$ 是位置错误的数字的数量,而 $h^*(x)$ 是实际把这些位置错误的数字全部移动到正确位置所需要的最少步数,显然 $h(x) \leqslant h^*(x)$,因此该算法为 A*。又如图 5.13 所示的带障碍的最短路径求解问题,图中需要找到从出发点到目标点的最短路径(沿方格移动),粗黑线是障碍物,由图可知,从出发点到目标点的实际最小代价是 $h^*(x)$,如果我们定义 $h(x)$ 的值是出发点和目标点之间的直线距离,由两点间直线最短可知 $h(x) \leqslant h^*(x)$,因此算法是 A*。

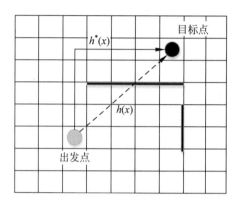

图 5.13　带障碍的最短路径求解

5.5　博弈搜索

　　博弈搜索与其他搜索最大的不同是需要有多个参与者,如国际象棋、围棋、游戏等,每个参与者都会按照有利于自己的方式进行选择,导致状态发生变化,这就是博弈。当搜索的状态空间中存在博弈时,通常的搜索算法往往不能适用,因为通常的搜索算法只考虑一种情况,如代价最小、距离最短等。在博弈搜索中不仅要考虑当前状态的选择,还要考虑对手可能会如何应对,因此构成博弈状态空间。

5.5.1　极大极小博弈

　　极大极小博弈假定对弈的只有两方,对弈双方使用同样的规则,必有一方有输赢,双方

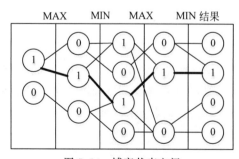

图 5.14　博弈状态空间

都以最有可能赢为目标行棋。对于我方来说,目的是要使得分最大而对方的目的是使他自己得分最大,等价于使我方得分最小,于是将我方称为 MAX 方,将对方称为 MIN 方。由于双方交替行棋,如图 5.14 所示。若有一个博弈的状态空间,假设状态都已经打分,结果值为 0 的状态代表 MIN 方胜利,反之代表 MAX 方胜利。MAX 方在选择结点时,会选择值大的,MIN 方

则会选择值小的。按照这一原则,当 MAX 方先选择时,可找出一条路径(图中加粗部分)确保 MAX 方胜利。

问题是如何对状态进行打分。这里采用从结果反推的思路:先对结果状态打分,再计算前一层的分数,若某一层是 MIN 方行棋后的结果,则此层中每一个结点的得分为其下级结点中最小的值,若此层是 MAX 方行棋后的结果,则此层中每一个结点的得分为其下级结点中最大的值,这样可以得到所有状态结点的分值,其过程如图 5.15 所示。图中用箭头表示值的传递方向,在图 5.15(a)中,由于上一步是 MIN 方行棋,所以每个结点取下级结点中最小的值,同理可推导出各级结点的得分。

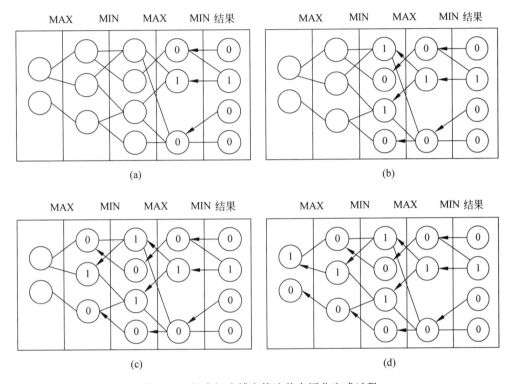

图 5.15 极大极小博弈算法状态评分生成过程

下面用极大极小算法来解决余一棋博弈问题。余一棋问题是有一副牌,开始的时候放成一摞,其中一方把这一摞分为两摞,分成的两摞牌数量不能相同,另一方再从所有分好的牌中选择一摞并继续拆分,直到某一方无法再进行拆分,则判这一方失败。例如,现有两摞牌,数量分别为 1 和 3(记为 1-3),则行棋的一方只能选择 3,拆分为 1 和 2,则变为3 摞牌,数量为 1、1 和 2(记为 1-1-2),此时,另一方已经无法拆分,则先前那一方获胜。根据此规则,一个 7 张牌的余一棋问题,若让对手先行棋,则状态空间及评分见图 5.16。按此状态空间图,我方(MAX 方)只要每次选择最大的评分,则可以找到最有可能获胜的行棋步骤。

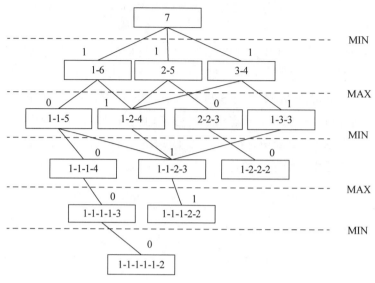

图 5.16　极大极小博弈算法解决余一棋问题

5.5.2　固定深度博弈搜索

虽然极大极小算法可以最大概率地找到赢棋路径,但在很多棋类博弈中,事实上是无法构建完整的博弈状态空间的。因为该算法要求穷举所有可能的状态,而在现有条件下穷举如此多的状态并进行搜索是不可能的,如象棋、围棋。因此,不可能用极大极小算法来处理此类问题。此时,可以采取一些其他的策略,如固定深度博弈搜索策略。固定深度博弈搜索策略只考虑当前棋局往前走固定步数的可能情况,这样根据最后步骤的状态评分,再利用极大极小算法倒推前面结点的评分。然而,对于叶子结点,由于不是最终结点,如何精确地评分呢? 此时可以引入启发式搜索的思路,例如评估叶结点和最终获胜棋局的相似度,从而得出结点的评估得分。

5.5.3　α-β 剪枝算法

在搜索效率上,固定深度博弈搜索算法比极大极小搜索算法有一定的提升。但是,固定深度博弈搜索算法未限定搜索宽度,对于某些博弈来说每一步的选择非常多,总体计算量非常大。α-β 剪枝算法可以对一些无用选择进行有效删除,即删除部分看起来不好的结点,从而实现对状态空间的"剪枝",缩小搜索空间,提高搜索效率。

图 5.17 是 α-β 剪枝算法示例,图 5.17(a)中根据已有结点,可以确定 4 是 MAX 方行棋时值最大的结点,未标注值的结点无论是何值也不影响 MAX 方的选择,所以这些分枝可以删除。同理,图 5.17(b)中根据已有结点,确定 7 是 MIN 方行棋时值最小的结点,所以未标注值的结点都可以删除,这就是 α-β 剪枝算法的原理。

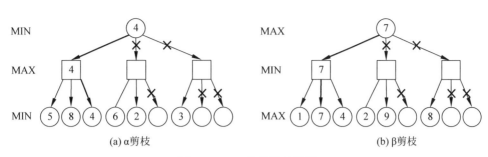

图 5.17　α-β 剪枝算法示例

5.5.4　博弈搜索的发展

在很长一段时间内 α-β 剪枝搜索算法是棋类算法的主流代表。1962 年,IBM 公司使用 α-β 剪枝算法获得了跳棋比赛的州冠军。1988 年,IBM 公司开始研究用于国际象棋的"深思"计算机,1997 年 IBM 公司的"深蓝"计算机战胜了人类国际象棋世界冠军卡斯帕罗夫(此时仍然主要使用 α-β 剪枝算法)。就在人们认为计算机不久后将在所有棋类领域超越人类时,在围棋领域计算机的水平却一直停滞不前,其主要原因有两点:一是围棋棋盘落点更多,更复杂,二是围棋的局面判断非常复杂,其他棋类(如国际象棋),进入残局后局面判断往往越来越简单(如只通过剩余棋子多少就可以判断),而围棋却不然,残局判断反而更加复杂。

2006 年,法国的一个计算机围棋研究团队将蒙特卡洛树搜索和信心上限决策方法相结合,使围棋程序的智能水平有了较大飞跃,但也只相当于业余围棋五段、六段的水平。随着深度学习方法的兴起,谷歌公司的 AlphaGo 将深度学习方法引入到蒙特卡洛树搜索中,从而在 2016 年战胜了人类围棋世界冠军并掀起了深度学习研究的热潮。

参考文献

[1]　李德毅.人工智能导论[M].合肥:中国科学技术出版社,2018.

[2]　王万良.人工智能导论[M].4 版.北京:高等教育出版社,2017.

[3]　尼克.人工智能简史[M].北京:人民邮电出版社,2017.

[4]　李开复,王咏刚.人工智能[M].北京:文化发展出版社,2017.

扩展阅读

[1]　MAPLES.蒙特卡洛树搜索(新手教程)[EB/OL].(2018-11-01)[2020-05-31].https://blog.csdn.net/qq_16137569/article/details/83543641.

[2]　遇到好事了.人工智能导论 A* 算法推导证明[EB/OL].(2020-01-14)[2020-05-31].https://blog.csdn.net/qq_42549774/article/details/103979874.

[3]　王建雄.博弈树启发搜索算法在五子棋游戏中的应用研究[J].科技情报开发与经济,2011,10.

[4]　宋宇,张正龙.A 算法在游戏寻径中的应用[J].科学咨询(科技・管理),2015,8.

习题 5

一、单项选择题

1. 下列关于搜索技术的描述错误的是（　　）。

    A. 搜索技术是人工智能技术的重要组成部分，也是早期人工智能的主要基础技术之一

    B. 搜索策略可分为盲目搜索策略和启发式搜索策略

    C. 启发式搜索算法的关键是确定合适的启发函数

    D. 博弈搜索和其他搜索最大的不同是其搜索的时间消耗更大

2. 下列有关状态空间的描述错误的是（　　）。

    A. 在执行搜索时必须先生成完整的状态空间

    B. 状态空间代表了搜索过程中可能遇到的各种状态

    C. 通常可以用图表示状态空间

    D. 状态空间中可能存在多个目标结点

3. 下列关于启发式搜索的描述正确的是（　　）。

    A. 启发式搜索算法中，下级结点与目标结点的相似度越高则越应被优先搜索

    B. 在八数码问题中，若定义启发函数的值为所有错牌与其正确位置的直线距离之和，则算法改为 A^* 算法

    C. 深度优先搜索是一种启发式搜索算法

    D. 启发式搜索算法不必考虑从初始结点搜索到备选结点的代价

4. 下列关于博弈搜索的描述正确的是（　　）。

    A. 通常启发式搜索算法可以直接应用于博弈搜索

    B. 极大极小博弈搜索算法可直接用于国际象棋博弈

    C. AlphaGo 采用 α-β 剪枝算法战胜了人类围棋冠军

    D. "深蓝"计算机主要采用 α-β 剪枝算法

二、多项选择题

1. 如果问题存在最优解，则下列算法中肯定能搜索到最优解的是（　　）。

    A. 深度优先搜索   B. 广度优先搜索

    C. 有界深度优先搜索   D. 启发式搜索

2. 用 A 算法求解带障碍最短路径问题（见图 5.13），下列启发函数中可保证算法是 A^* 的是（　　）。

    A. 出发点到目标点的直线距离

    B. 忽略所有障碍，先从垂直方向出发到目标点经过的方格数

    C. 忽略所有障碍，先从水平方向出发到目标点经过的方格数

    D. 以出发点和目标点为顶点确定的矩形包含的方格数

3. 下列关于极大极小博弈算法的描述正确的是（　　）。

    A. MAX 方和 MIN 方都按照对各自最有利的方式行棋

    B. 在对结点打分时,通常从下级结点开始用反推的方式计算上级结点的分值

    C. 使用极大极小算法进行国际象棋博弈时,必须从最终的棋局结点向前反推

    D. 极大极小算法通常和启发式搜索结合,解决较复杂的棋类博弈问题

三、判断题

1. 把固定深度和广度优先搜索算法结合起来,可以解决同层结点过多的问题。(　　)

2. A 算法不一定能找到目标结点。(　　)

3. α-β 剪枝搜索算法是目前博弈搜索算法研究的热点。(　　)

四、简答题

1. 分别使用深度优先和广度优先搜索算法实现对如下树的搜索,并写出搜索顺序。

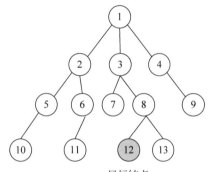

目标结点

2. 写出用 A* 算法求解八数码问题的步骤。

第6章

群智能算法

在现实工作和生活中,存在着这样一类优化问题:在一定的资源或条件的限制下,寻求最佳解决方案或最大化收益。例如,工厂在人力、物力、时间和法律法规的限制下,如何生产出尽可能多的产品,使收益最大化;又如,在旅游时,在时间和资金等限制条件下,如何以最经济或时间最短的方式游览中国的所有省会城市。由于这些问题受到诸多限制,其目标函数十分复杂,常常存在多个局部最优解,导致一些常规优化方法无法搜索到全局最优解或者求解时间太长。

为了解决该类问题,一些智能算法被相继提出,例如遗传算法、粒子群算法和蚁群算法。智能算法是智能技术领域的一个分支,是生物、数学等多学科的完美融合,这些算法模拟人类进化过程或生物群体协作过程,具有一些类似生命体智慧的特征,能有效解决各类最优化问题。

6.1 遗传算法

遗传算法(Genetic Algorithm,GA)是一种基于生物进化论和遗传学机理的随机搜索方法,它依据适者生存、优胜劣汰的进化规则搜索全局最优解。这一算法提出之初的目标是研究自然系统的自适应行为并设计具有自适应功能的软件系统。遗传算法的研究主要包括三个领域:遗传算法的理论与技术,主要包括编码、交叉运算、变异运算、选择运算以及适应度评价问题;用遗传算法进行优化;用遗传算法进行分类系统的机器学习。

6.1.1　遗传算法的产生与发展

遗传算法的产生归功于美国密歇根大学教授霍兰(J. H. Holland)(见图 6.1)在 20 世纪 60 年代末、70 年代初的开创性工作。

从 1985 年在美国卡耐基·梅隆大学召开第 5 届国际遗传算法会议(International Conference on Genetic Algorithms,ICGA'85),到 1997 年 5 月 IEEE 的 *Transaction on Evolutionary Computation* 创刊,遗传算法作为具有系统优化、适应和学习能力的高性能的计算和建模方法,对它的研究逐渐成熟。遗传算法主要的产生和发展过程如下:

图 6.1　J. H. Holland

早在 20 世纪 50 年代,一些生物学家开始研究运用数字计算机模拟生物的自然遗传与自然进化过程;

1963 年,德国柏林技术大学的 I. Rechenberg 和 H. P. Schwefel 在做风洞实验时,产生了进化策略的初步思想;

20 世纪 60 年代,L. J. Fogel 在设计有限状态自动机时提出了进化规划的思想,1966 年 Fogel 等人出版了《基于模拟进化的人工智能》,系统阐述了进化规划的思想;

20 世纪 60 年代中期,美国密歇根大学的 J. H. Holland 教授提出借鉴生物自然遗传的基本原理用于自然和人工系统的自适应行为研究和串编码技术;

1967 年,Holland 的学生 J. D. Bagley 在博士论文中首次提出"遗传算法"(Genetic Algorithms)一词;

1975 年,Holland 出版了著名的 *Adaptation in Natural and Artificial Systems*,标志着遗传算法的诞生。

20 世纪 70 年代初,Holland 提出了"模式定理"(Schema Theorem),一般被认为是"遗传算法的基本定理",从而奠定了遗传算法研究的理论基础;

1985 年,在美国召开了第一届遗传算法国际会议,并且成立了国际遗传算法学会(International Society of Genetic Algorithms,ISGA);

1989 年,Holland 的学生 D. J. Goldherg 出版了 *Genetic Algorithms in Search*, *Optimization*, *and Machine Learning*,对遗传算法及其应用做了全面而系统的论述;

1991 年,L. Davis 出版了《遗传算法手册》,其中包括遗传算法在工程技术和社会生活中大量的应用实例。

6.1.2　遗传算法的基本问题

遗传算法的基本原理如下:通过对自然进化模型(如选择、交叉、变异、迁移、局域与领域等机理)的模仿来完成对问题最优解的搜索过程。开始计算时,首先对种群随机初始化,即产生 N 个父个体,并且计算每个父个体的适应度函数,如果不满足优化准则,那么就开始下一代的计算。为了产生下一代,对父个体的适应度进行评价,淘汰适应度低的父个体,通过复制保留适应度高的父个体,然后通过交叉和变异产生新的子个体。子个体的适应度被重新评价……这一过程循环执行,直到满足优化准则为止。

由以上基本原理可以看出,遗传算法涉及生物进化理论和遗传学的基本知识,此处就相应概念进行简单阐述。

达尔文的生物进化论认为"物竞天择,适者生存",适应性强的种群和个体生存下来,否则被淘汰;

遗传(heredity)是指子代和父代具有相同或相似的性状,保证物种的稳定性;

变异(variation)是指子代与父代之间、子代不同个体之间总有差异,是生命多样性的根源,此处的变异指生物学中广义的变异;

根据生存斗争和适者生存理论,具有适应性变异的个体被保留,不具有适应性变异的个体被淘汰;

自然选择过程是长期的、缓慢的、连续的过程。

遗传学的基本概念与术语阐述如下。

染色体(chromosome):遗传物质的载体;

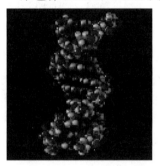

图 6.2 脱氧核糖核酸

脱氧核糖核酸(DNA):大分子有机聚合物,具有双螺旋结构,如图 6.2 所示;

遗传因子(gene):DNA 或 RNA 长链结构中占有一定位置的基本遗传单位;

基因型(genotype):遗传因子组合的模型;

表现型(phenotype):由染色体决定性状的外部表现;

基因座(locus):遗传基因在染色体中所占据的位置,同一基因座可能有的全部基因称为等位基因(allele);

个体(individual):染色体带有特征的实体;

种群(population):个体的集合,该集合内的个体数称为种群的大小;

进化(evolution):生物在其生存延续的过程中,逐渐适应其生存环境,使得其品质不断得到改良,这种生命现象称为进化;

适应度(fitness):度量某个物种对于生存环境的适应程度。对生存环境适应程度较高的物种将获得更多的繁殖机会,而对生存环境适应程度较低的物种其繁殖机会相对较少,甚至逐渐灭绝;

选择(selection):以一定的概率从种群中选出若干个体的操作;

复制(reproduction):细胞在分裂时,遗传物质 DNA 通过复制而转移到新产生的细胞中,新的细胞就继承了旧细胞的基因;

交叉(crossover):在两个染色体的某一相同位置处 DNA 被切断,其前后两串分别交叉组合,形成两个新的染色体,又称基因重组,俗称"杂交";

变异(mutation):在细胞进行复制时可能以很小的概率产生某些复制差错,从而使 DNA 发生某种变异,产生出新的染色体,这些新的染色体表现出新的性状,此处的变异指狭义的变异,本章后面的变异都指此种变异;

编码(coding):从表现型到基因型的映射;

解码(decoding):从基因型到表现型的映射。

概括地说,遗传算法是从代表问题可能潜在的解集的一个种群开始的,而一个种群则由经过基因编码的一定数目的个体(individual)组成。每个个体实际上是染色体带有特征的实体。染色体作为遗传物质的主要载体,即多个基因的集合,其内部表现(即基因型)是某种基因组合,它决定了个体形状的外部表现,如黑头发的特征是由染色体中控制这一特征的某种基因组合决定的。因此,在一开始需要实现从表现型到基因型的映射,即编码工作。由于基因编码的工作很复杂,我们往往将编码进行简化,如二进制编码,初始种群产生之后,按照适者生存和优胜劣汰的原理,逐代演化,产生出越来越好的近似解,在每一代,根据问题域中个体的适应度大小选择个体,并借助于自然遗传学的遗传算子(genetic operators)进行组合交叉和变异,产生出代表新的解集的种群。这个过程将使种群像自然进化一样,后代种群比前代更加适应于环境,末代种群中的最优个体经过解码,可以作为问题近似最优解。

遗传算法需要重点掌握以下几个算子的作用和实现。

(1) 种群,也称为个体群。一个个体代表问题解空间的一个元素,遗传算法就是要在给定的时间里搜索到或"进化"出一个可以接受的解。一般个体用二进制表示,称为染色体,其长度根据问题而定。

(2) 适应度函数。用适应度函数来评价问题解的好坏,它不受连续可微的约束,且可以定义为任何函数。由于遗传算法不用适应度信息,所以标准的遗传算法只用适应度函数作为依据。适应度值为大于零的实数,适应度值越大,表示个体的适应能力越强。

(3) 遗传操作。包括三个基本操作:选择、交叉(基因重组)和变异。

选择是优胜劣汰、自然选择的计算形式,它根据适应度的大小决定哪个个体被复制并传给下一代。它的特点是以一定的选择概率进行选择,种群中好的个体不一定被选中,差的个体也不一定被淘汰,两者的差别在于它们各自的选择概率不同。主要的选择算法有:按比例的适应度算法、基于排序的适应度算法、轮盘赌选择、随机遍历抽样、局部选择、截断选择。通常采用轮盘赌法进行选择。公式如下:设群体大小为 N,其中个体 X_i 的适应度为 $F_i(F_i > 0)$,则 X_i 被选择的概率为

$$p = F_i \bigg/ \sum_{j=1}^{N} F_j \qquad (6.1)$$

显然,概率 p 反映了个体 X_i 的适应度在整个群体的所有个体适应度总和中所占的比例,个体的适应度越大,其被选择的概率就越高,反之亦然。

交叉(基因重组)分为实值重组和二进制交叉。实值重组包括离散重组、中间重组、线性重组、扩展线性重组;二进制交叉包括单点交叉、多点交叉、均匀交叉、洗牌交叉、缩小代理。交叉是二元操作,随机选择一对染色体,随机设定交叉点,两个染色体彼此交换部分信息,产生一对新的染色体,即后代。例如:

父母	后代
100 ∣ 11000	100 ∣ 01101
010 ∣ 01101	010 ∣ 11000

变异是一元操作,根据变异概率确定染色体上的变异位置,然后对染色体该位置上的基因求反。例如,个体的第 4 位变异结果如下:

$$10011011 \longrightarrow 10001011$$

变异操作也是随机进行的,变异概率一般都很小,变异的目的是挖掘群体中个体的多样

性,克服有可能陷入局部解的弊端。变异实质上是子代基因按小概率扰动产生的变化。有两种变异策略,分别为实值变异和二进制变异。

综上所述,可总结出遗传算法的一般流程,如图 6.3 所示。

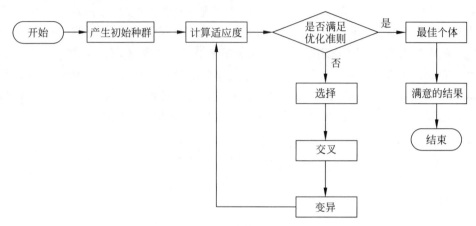

图 6.3　遗传算法的流程

另外,由于标准遗传算法存在早熟和收敛过慢问题,因此如何避免早熟和提高收敛速度,是许多学者研究的重要方向。许多人对遗传算法的各个阶段都提出了不同的改进方法。例如,选择阶段有轮盘赌选择、随机遍历抽样、局部选择和锦标选择等;交叉阶段有单点交叉、多点交叉、洗牌交叉、蝶形移位逻辑交叉算子和洗牌移位逻辑交叉算子等。

6.1.3　遗传算法的一个简单优化问题

6.1.2 节只是将遗传算法的操作过程结合最简单的常用选择法、单点交叉以及单点小概率变异进行了简单介绍,使读者对遗传算法有了概要了解。本节以一个具体的函数优化问题,描述如何对问题实现编码和解码,如何产生初始种群,如何针对函数优化问题确定适应度函数,以便对遗传算法的基本过程和基本操作有进一步认识。考虑一元函数求最大值的优化问题:

$$f(x) = x\sin(10\pi x) + 2, \quad x \in [-1, 2] \tag{6.2}$$

现在用遗传算法求上述函数的最大值。

1. 编码

变量 x 作为实数,可以视为遗传算法的表现形式,那么从表现型到基因型的映射称为编码。通常采用二进制编码形式将某个变量值代表的个体表示为一个 0、1 的二进制串。如果设定求解精度为 6 位小数,那么因为区间长度为 3,则必须将闭区间 $[-1, 2]$ 分为 3×10^6 等份,因 $2097152 = 2^{21} < 3 \times 10^6 <= 2^{22} = 4194304$,所以编码的二进制串至少需要有 22 位。将一个二进制串 $[b_{21}b_{20}\cdots b_0]_2$ 代表的二进制数转化为十进制数:

$$(b_{21}b_{20}\cdots b_0)_2 = \left(\sum_{i=0}^{21} b_i \times 2^i\right)_{10} = x' \tag{6.3}$$

则 x' 对应在区间 $[-1, 2]$ 内的实数为

$$x = -1.0 + x' \cdot \frac{2 - (-1)}{2^{22} - 1} \qquad (6.4)$$

特别地,二进制串[0⋯0]和[1⋯1](每个串都是 22 个相同的数字)分别表示区间的两个端点值−1 和 2。

2. 产生初始种群

可以随机产生一定数目的个体组成种群,种群的大小(规模)就是指种群中的个体数目。一个个体是长度为 22 的随机产生的二进制串,组成染色体的基因码。例如以下四个个体:

      1111010011100001011000   1100110011010101011110

      1010100011110010000100   1011110010011100111001

3. 计算适应度

适应度大的个体存活和被选中的概率大。适应度的计算就是对个体的计算,考虑到本例目标函数的值在定义域内均大于 0,而且是求函数的值最大值,所以直接将目标函数作为适应度函数:

$$f(s) = f(x) \qquad (6.5)$$

例如 $x_1 = 0.637197$,通过编码得到的二进制串是 $s_1 = [1000101110110101000111]$,这个串就是个体。个体的适应度就是

$$f(s_1) = f(x_1) = x_1 \sin(10\pi x_1) + 2 = 2.286345 \qquad (6.6)$$

4. 遗传操作

本例采用轮盘赌进行遗传算法的选择操作。将它应用到本例的 22 位染色体优秀个体的选择。表 6.1 是一组通过二进制基因编码构成的个体,组成种群数为 10 的初始种群。通过适应度函数计算出每个个体的适应度。适应度越大代表这个个体越好。这里为了能够符合优胜劣汰的原则,个体适应度按照式(6.1)转化为选择概率,进而得到累计概率。

表 6.1 个体的选择概率与累计概率

个体	染色体	适应度	选择概率	累计概率
1	0001100000	8	0.086954	0.086957
2	0101111001	5	0.054348	0.141304
3	0000000101	2	0.021739	0.163043
4	1001110100	10	0.108696	0.271739
5	1010101010	7	0.076087	0.347826
6	1110010110	12	0.130435	0.478261
7	1001011011	5	0.054348	0.532609
8	1100000001	19	0.206522	0.739130
9	1001110100	10	0.108696	0.847826
10	0001010011	14	0.152174	1.000000

轮盘赌选择方法类似于博彩游戏中的轮盘赌,将轮盘分成 10 个(即种群个体数目)扇区,扇区的宽度与各个个体的选择概率相同。扇区越宽,则被选中的概率越大。图 6.4 中的 1 到 10 代表染色体个体序号。为了完成 10 次随机选择,获得 10 个新个体,首先产生 10 个 [0,1]之间的随机数,然后判断 10 个随机数落在哪个扇区。

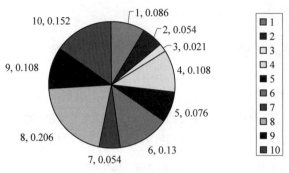

图 6.4　轮盘赌选择

假设产生的随机数序列为 $0.070221, 0.545929, 0.784567, 0.44693, 0.507893, 0.291198,$ $0.71634, 0.272901, 0.371435, 0.854641$，将随机数序列与计算获得的累积概率比较，则序号为 $1, 8, 9, 6, 7, 5, 8, 4, 6, 10$ 个体依次被选中。显然适应度高的个体被选中的概率大，在第一次生存竞争中，序号为 2 和 3 的个体被淘汰，取而代之的是适应度高的个体 8 和 6，这个过程被称为复制，复制之后的遗传操作是交叉。

本例的交叉遗传操作采用单点交叉方式进行。用 $6.1.2$ 节的单点交叉法将 22 位的个体进行染色体交叉。本例中，变异操作采用小概率变异方式。

5. 模拟结果

按照上述的基本遗传算法，设定种群大小为 50，最大迭代数为 199，交叉概率 pc＝0.9，变异概率 pm＝0.02，编写 MATLAB 程序，在进行到第 200 次迭代时获得最佳个体：

$$x_{\max} = 1.6446, \quad f(x_{\max}) = 3.6207$$

具体结果如图 6.5 所示。

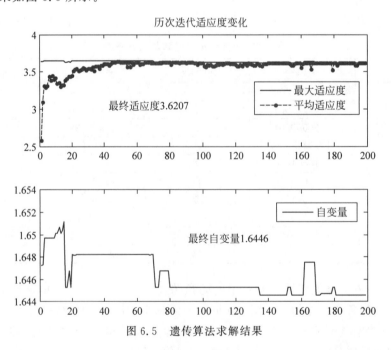

图 6.5　遗传算法求解结果

由此可见求解效果理想,该问题求解的 MATLAB 程序见附录 A。

6.1.4　遗传算法的优缺点

遗传算法是一类可用于复杂系统优化的、具有鲁棒性的搜索算法,与传统的优化算法相比,主要有以下优点。

(1) 遗传算法以决策变量的编码作为运算对象,可以直接对集合、序列、矩阵、树、图等结构的对象进行操作。传统的优化算法往往直接处理决策变量的实际值本身,而遗传算法处理决策变量的某种编码形式,使得我们可以借鉴生物学中的染色体和基因的概念,模仿自然界生物的遗传和进化机理,也使得我们能够方便地应用遗传操作算子。

(2) 遗传算法直接以目标函数值作为搜索信息。它仅仅使用适应度函数值来度量个体的优良程度,不涉及目标函数值求导、求微分的过程。因为在现实中很多目标函数是很难求导的,甚至是不存在导数的,所以这一点也使得遗传算法体现出高度的优越性。

(3) 遗传算法具有群体搜索的特性。它的搜索过程是从一个具有多个个体的初始群体开始的,一方面可以有效地避免搜索一些不必搜索的点,另一方面由于传统的单点搜索方法在对多峰分布的搜索空间进行搜索时很容易陷入局部某个单峰的极值点,而遗传算法的群体搜索特性却可以避免这样的问题,因而可以体现出遗传算法的并行化和较好的全局搜索性。

(4) 遗传算法基于概率规则,而不是确定性规则。这使得搜索更为灵活,参数对其搜索效果的影响也尽可能小。

(5) 遗传算法具有可扩展性,易于与其他技术混合使用。

遗传算法也存在以下不足和缺点。

(1) 遗传算法在进行编码时容易出现不规范、不准确的问题。

(2) 由于单一的遗传算法编码不能全面将优化问题的约束表示出来,因此需要考虑对不可行解采用阈值,进而增加了工作量和求解时间。

(3) 在某些问题上,遗传算法的效率通常低于其他传统的优化方法。

(4) 遗传算法容易出现过早收敛的问题。

6.1.5　遗传算法的应用

由于遗传算法的整体搜索策略和优化搜索方法在计算上不依赖于梯度信息或其他辅助知识,只需要影响搜索方向的目标函数和相应的适应度函数,所以遗传算法提供了一种求解复杂系统问题的通用框架。它不依赖于问题的具体领域,对问题的种类有很强的鲁棒性,因此具有广泛的应用领域,如函数优化、生产调度、自动控制、图像处理、机器学习、数据挖掘等。

(1) 函数优化。

函数优化是遗传算法的经典应用领域,也是遗传算法进行性能评价的常用算例。人们构造出了各种各样复杂形式的测试函数:连续函数和离散函数、凸函数和凹函数、低维函数和高维函数、单峰函数和多峰函数等。对于一些非线性、多模型、多目标的函数优化问题,用其他优化方法较难求解,而遗传算法可以方便地得到较好的结果。

(2) 组合优化。

随着问题规模的增大,组合优化问题的搜索空间也急剧增大,用枚举法很难求出最优解。对这类复杂的问题,人们已经意识到应把主要精力放在寻求满意解上,而遗传算法是寻求这种满意解的最佳工具之一。实践证明,遗传算法对于组合优化中的 NP 问题非常有效。例如,遗传算法已经在求解旅行商问题、背包问题、装箱问题、图形划分问题等问题上得到成功的应用。

(3) 自动控制。

在自动控制领域中许多与优化相关的问题需要求解,遗传算法的应用日益增多,并显示了良好的效果。例如,用遗传算法进行航空控制系统的优化,基于遗传算法的参数辨识,利用遗传算法进行人工神经网络的结构优化设计和权值学习,都展示了遗传算法在这些领域中应用的可能性。

(4) 机器学习。

学习能力是高级自适应系统所必备的能力之一,基于遗传算法的机器学习,特别是分类系统,在很多领域中都得到了应用。遗传算法被用于学习模糊控制规则,可以更好地改进模糊系统的性能;基于遗传算法的机器学习不但可以用来调整人工神经网络的连接权,也可用于人工神经网络结构的优化设计。这一新的研究方向把遗传算法从历史的离散搜索空间的优化搜索算法扩展到具有独特的规则生成功能的、崭新的机器学习算法。这一新的学习机制为解决人工智能中知识获取、知识优化和精炼的瓶颈带来了希望。

(5) 图像处理。

图像处理是计算机视觉中的一个重要研究领域。在图像处理过程中,如扫描、特征提取、图像分割等不可避免地会存在一些误差,从而影响图像的效果。使这些误差最小化是计算机视觉技术达到实用化的重要要求。遗传算法可用于图像处理中的优化计算,目前已在模式识别(包括汉字识别)、图像恢复、图像边缘特征提取等方面得到了应用。

(6) 人工生命。

人工生命是用计算机、机械装置和自动化控制系统等模拟或构造出的具有自然生物系统特有行为的人造系统。自组织能力和自学习能力是人工生命的两大主要特征。人工生命与遗传算法有着密切的联系,基于遗传算法的进化模型是研究人工生命现象的重要基础理论。虽然人工生命的研究尚处于初期阶段,但遗传算法已在其进化模型、学习模型、行为模型、自组织模型等方面展示出了初步的应用效果,必将会得到更为深入的应用和发展。人工生命与遗传算法相辅相成,遗传算法为人工生命的研究提供了一个有效的工具,人工生命的研究也必将促进遗传算法的进一步发展。

6.2　粒子群算法

粒子群算法和蚁群算法均属于群智能(Swarm Intelligence,SI)算法。人们把群居昆虫的集体行为称作"群智能"(又称"群体智能""群集智能""集群智能"等),它的特点为:个体的行为很简单,但当它们一起协同工作时,却能够表现出非常复杂(智能)的行为特征,如图 6.6 和图 6.7 所示。

图 6.6 鸟群捕食的群体行为

图 6.7 蚁群

群智能的主要优点为：灵活性，群体可以适应随时变化的环境；稳健性，即使个体失败，整个群体仍能完成任务；自我组织，活动既不受中央控制，也不受局部监管。

群智能作为一种新兴的演化计算技术，已成为研究焦点，它与人工生命，特别是进化策略以及遗传算法有着极为特殊的关系。群智能指并不智能的主体通过合作表现出智能行为的特性，在没有集中控制且不提供全局模型的前提下，为寻找复杂的分布式问题的求解方案提供了基础。

6.2.1 粒子群算法的起源

粒子群算法（Particle Swarm Optimization，PSO）是由美国电气工程师 Eberhart 和社会心理学家 Kennedy 在 1995 年提出来的。粒子群算法是基于群鸟觅食的群体行为提出的群智能算法，用于解决优化问题。

粒子群算法的主要特点包括：方法简单，易于编程实现，参数小，收敛速度快。该算法在函数优化、神经网络训练、工业系统优化和模糊系统控制等领域得到了广泛的应用。

6.2.2 粒子群算法的原理

鸟群在觅食的过程中，每只鸟的初始状态都处于随机位置，且飞翔的方向也是随机的，每只鸟都不知道食物在哪里。但是随着时间的推移，这些初始处于随机位置的鸟类通过群类相互学习、信息共享和个体不断积累寻觅食物的经验，自发组织、积聚成一个群落，并逐渐朝位移的目标（食物）前进。每只鸟能够通过一定经验和信息估计它目前所处的位置对于能寻找到食物有多大的价值，即多大的适应值；每只鸟能够记住它所找到的最好位置，称为局部最优（pbest）。此外，还能借助鸟群共享的所有个体所能找到的最好位置，称为全局最优（gbest），整个鸟群的觅食中心位置向全局最优位置移动，这在生物学上称为"同步效应"。鸟群觅食的位置不断移动，即不断迭代，可以使鸟群朝食物步步逼近。

在鸟群觅食模型中，每个个体都可以看成一个粒子，则鸟群可以被看成一个粒子群。假设在一个 D 维的目标搜索空间中，有 m 个粒子组成一个群体，其中第 i 个粒子（$i=1,2,\cdots,m$）的位置表示为 $X_i=(x_i^1,x_i^2,\cdots,x_i^D)$，即第 i 个粒子在 D 维搜索空间中的位置是 X_i。换言之，每个粒子的位置就是一个潜在的解，将 X_i 代入目标函数就可以计算出其适应值，根据适应值的大小衡量其优劣。粒子个体经历过的最好位置记为 $P_i=(p_i^1,p_i^2,\cdots,p_i^D)$，整个群体所有粒子经历过的最好位置记为 $P_g=(p_g^1,p_g^2,\cdots,p_g^D)$。第 i 个粒子的速度记为 $V_i=$

$(v_i^1, v_i^2, \cdots, v_i^D)$。则粒子群算法采用下列公式对粒子所在的位置不断更新(单位时间为1)：

$$v_i^d = \omega v_i^d + c_1 r_1 (p_i^d - x_i^d) + c_2 r_2 (p_g^d - x_i^d) \tag{6.7}$$

$$x_i^d = x_i^d + \alpha v_i^d \tag{6.8}$$

其中，$i = 1, 2, \cdots, m$；$d = 1, 2, \cdots, D$；ω 是非负数，称为惯性因子；加速常数 c_1 和 c_2 是非负常数；r_1 和 r_2 是 $[0,1]$ 区间内变换的随机数；α 称为约束因子，目的是控制速度的权重。此外，$v_i^d \in [-v_{max}^d, v_{max}^d]$，即第 i 个粒子的飞翔速度 V_i 被一个最大速度 $V_{max} = (v_{max}^1, v_{max}^2, \cdots, v_{max}^D)$ 所限制。如果当前时刻粒子在某维的速度 v_i^d 更新后超过该维的最大飞翔速度 v_{max}^d，则当前时刻该维的速度被限制在 v_{max}^d。另外，v_{max}^d 为常数，可以根据不同的优化问题设定。迭代终止条件根据具体问题设定，一般来说终止条件为达到预定的最大迭代次数或粒子群目前为止搜索到的最优位置满足目标函数的最小容许误差。

6.2.3　粒子群算法程序设计

粒子群算法的实现步骤如下。

第1步：初始化粒子群(速度和位置)、惯性因子、加速常数、最大迭代次数和算法终止的最小允许误差；

第2步：评价每个粒子的初始适应值；

第3步：将初始适应值作为当前每个粒子的局部最优值，并将各适应值对应的位置作为每个粒子的局部最优值所在的位置；

第4步：将最佳初始适应值作为当前全局最优值，并将最佳适应值对应的位置作为每个粒子的局部最优值所在的位置；

第5步：依据式(6.7)更新每个粒子当前的飞翔速度；

第6步：对每个粒子的飞翔速度进行限幅处理，使其不能超过设定的最大飞翔速度；

第7步：依据式(6.8)更新每个粒子当前所在的位置；

第8步：比较当前每个粒子的适应值是否比历史局部最优值更好，如果更好，则将当前粒子适应值作为粒子的局部最优值，其对应的位置作为每个粒子的局部最优值所在的位置；

第9步：在当前群中找出全局最优值，并将当前全局最优值对应的位置作为粒子群的全局最优值所在的位置；

第10步：重复步骤5～9，直到满足设定的最小误差或者达到最大迭代次数；

第11步：输出粒子群的全局最优值和其对应的位置以及每个粒子的局部最优值和其对应的位置。

实现上述步骤的 MATLAB 程序见附录 B。

6.2.4　粒子群算法的参数选取

在基本粒子群算法中，粒子数 m、惯性因子 ω、最大飞翔速度 v_{max} 和加速常数 c_1 与 c_2 等参数对算法寻优性能的影响非常突出。

(1) 粒子数 m。粒子数 m 的一般取值为 20～40。粒子数量越多，搜索范围越大，越容易找到全局最优解。

（2）惯性因子 ω 对粒子群算法的收敛性起到非常大的作用。ω 值越大,粒子飞翔幅度越大,越容易错失局部最优解,而全局搜索能力越强。反之,则局部寻优能力增强,而全局寻优能力减弱。

（3）加速常数 c_1 与 c_2,一般情况下取 $c_1 = c_2 = 2.0$。

（4）最大飞翔速度 v_{max} 的选择需要对问题有一定的先验知识。如果 v_{max} 的选择是固定不变的,通常 v_{max} 设定为每维变化范围的 $10\% \sim 20\%$。

此外,粒子群飞翔速度、位置的初始化以及适应度函数的设计也会对算法性能产生一定的影响。目前粒子群算法中的适应度函数的设计主要是借鉴遗传算法中适应函数的设计方法。

粒子群算法的约束优化工作主要分为两类。

（1）罚函数法。罚函数的目的是将约束优化问题转化为无约束优化问题。

（2）将粒子群的搜索范围限制在条件约束族内,即在可行解范围内寻优。

【例 6.1】 求解下列优化问题:

$$\max f(x) = 2.2 \times (2x^2 - x + 1)e^{-x^2/2}, \quad x \in [-5, 5] \qquad (6.9)$$

用粒子群算法计算的结果为:

```
the maximum value = 5.446
the corresponding coordinate = -1.1617
```

具体如图 6.8 所示。

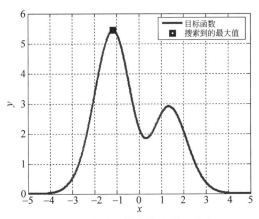

图 6.8 粒子群算法求得的最优解

该问题求解的 MATLAB 程序见附录 B。

6.2.5 粒子群算法的优缺点

粒子群算法的优点如下:

（1）不依赖于问题信息,采用实数求解,算法通用性强;

（2）需要调整的参数少,原理简单,容易实现;

（3）采用协同搜索,同时利用个体局部信息和群体全局信息指导搜索;

（4）收敛速度快,算法对计算机内存和 CPU 的性能要求不高;

（5）更容易越过局部最优信息。

粒子群算法的缺点如下：

(1) 算法局部搜索能力较差，搜索精度不够高；

(2) 算法不能绝对保证搜索到全局最优解；

(3) 算法搜索性能对参数有一定的依赖性；

(4) 该算法是一种概率算法，算法理论不完善，缺乏独特性，理论成果偏少；

(5) 欠缺完善的生物学背景。

与遗传算法比较，它们的共性如下：

(1) 都属于仿生算法；

(2) 都属于全局优化方法；

(3) 都属于随机搜索算法；

(4) 都隐含并行性；

(5) 都根据个体的适配信息进行搜索，因此不受函数约束条件的限制，如连续性、可导性等；

(6) 对高维、复杂的问题，往往会表现出收敛过早和收敛性能差的缺点，都无法保证收敛到最优点。

与遗传算法比较，它们的差异如下：

(1) 粒子群算法有记忆，所有粒子都保存较优解的知识，而对于遗传算法，以前的知识随着种群的改变而被改变；

(2) 粒子群算法中的粒子是一种单向共享信息机制，而遗传算法中的染色体之间相互共享信息，使得整个种群都向最优区域移动；

(3) 遗传算法需要编码和遗传操作，而粒子群算法没有交叉和变异操作，粒子只是通过内部速度进行更新，因此原理更简单，参数更少，实现更容易。

6.3　蚁群算法

6.3.1　蚁群算法的提出

20 世纪 90 年代，意大利学者 M. Dorigo 等人在研究新型算法的过程中，发现蚁群在寻找食物时，通过分泌一种称为信息素(pheromone)的生物激素交流觅食信息，从而快速找到目标，据此提出了一种基于信息正反馈原理的新型模拟群智能算法——蚁群算法(Ant Colony Algorithm，ACA)。蚁群算法是一种仿生算法，作为通用型随机优化方法，它吸收了蚂蚁的行为特征，通过其内在的搜索机制，在一系列困难的组合优化问题求解中取得了成效。

6.3.2　蚁群算法的原理

此处简单叙述蚁群算法的"双桥实验"，如图 6.9 所示。蚁群通过遗留在来往路径上的信息素来进行通信和协调。

蚂蚁会在其经过的路径上释放信息素，蚁群内的蚂蚁对信息素具有感知能力，它们会沿着信息素浓度较高的路径行走，而每只路过的蚂蚁都会在此路上留下信息素，这就形成一种类似于正反馈的机制，这样经过一段时间后，整个蚁群就会沿着最短路径到达食物源了。

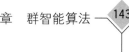

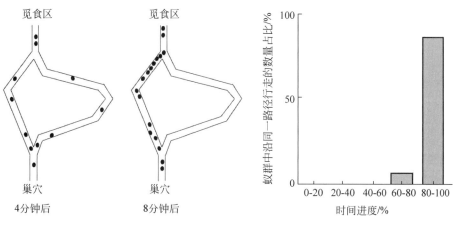

图 6.9 蚁群"双桥实验"

6.3.3 蚁群算法求解旅行商问题

本节以旅行商问题(TSP)为例,来阐述蚁群算法如何解决实际问题。对 TSP 问题,不失一般性,设整个蚂蚁群体中蚂蚁的数量为 m,城市的数量为 n,城市 i 与城市 j 之间的距离为 $d_{ij}(i,j=1,2,\cdots,n)$,t 时刻城市 i 与城市 j 连接路径上的信息素浓度为 $\tau_{ij}(t)$。初始时刻,蚂蚁被放置在不同的城市里,且各城市间连接路径上的信息素浓度相同,不妨设 $\tau_{ij}(0)=\tau_0$。然后蚂蚁将按一定概率选择线路,不妨设 $p_{ij}^k(t)$ 为 t 时刻蚂蚁 k 从城市 i 转移到城市 j 的概率。"蚂蚁 TSP"策略会受到两方面的影响,一方面是访问某城市的期望,另一方面是其他蚂蚁释放的信息素浓度,所以定义如下:

$$p_{ij}^k=\begin{cases}\dfrac{\left[\tau_{ij}(t)\right]^\alpha\cdot\left[\eta_{ij}(t)\right]^\beta}{\displaystyle\sum_{s\in\text{allow}_k}\left[\tau_{is}(t)\right]^\alpha\cdot\left[\eta_{is}(t)\right]^\beta},& j\in\text{allow}_k\\[4mm]0,& j\notin\text{allow}_k\end{cases}\quad(6.10)$$

其中,$\eta_{ij}(t)$ 为启发函数,表示蚂蚁从城市 i 转移到城市 j 的期望程度;$\text{allow}_k(k=1,2,\cdots,m)$ 为蚂蚁 k 的待访问城市集合,初始时,allow_k 中有 $n-1$ 个元素,即包括除了蚂蚁 k 出发城市之外的其他所有城市,随着时间的推移,allow_k 中的元素越来越少,直至为空;α 为信息素重要程度因子,简称信息素因子,其值越大,表明信息素强度的影响越大;β 为启发函数重要程度因子,简称启发函数因子,其值越大,表明启发函数的影响越大。

在蚂蚁遍历各城市的过程中,与实际情况相似的是,在蚂蚁释放信息素的同时,各个城市间连接路径上的信息素的强度也在通过挥发等方式逐渐消失。为了描述这一特征,不妨令 $\rho(0<\rho<1)$ 表示信息素的挥发程度。这样,当所有蚂蚁遍历所有城市之后,各个城市间连接路径上的信息浓度为:

$$\begin{cases}\tau_{ij}(t+1)=(1-\rho)\tau_{ij}(t)+\Delta\tau_{ij},& 0<\rho<1\\[2mm]\Delta\tau_{ij}=\displaystyle\sum_{k=1}^m\Delta\tau_{ij}^k\end{cases}\quad(6.11)$$

其中,$\Delta\tau_{ij}^k$ 为蚂蚁 k 在城市 i 与城市 j 连接路径上释放信息素而增加的信息素浓度,$\Delta\tau_{ij}$ 为

所有蚂蚁在城市 i 与城市 j 连接路径上释放信息素而增加的信息浓度。

一般 $\Delta\tau_{ij}^{k}$ 的值可由 an cycle system 模型进行计算,即

$$\Delta\tau_{ij}^{k} = \begin{cases} \dfrac{Q}{L_k}, & \text{若蚂蚁 } k \text{ 从城市 } i \text{ 访问城市 } j \\ 0, & \text{否则} \end{cases} \tag{6.12}$$

其中,Q 为信息素常数,表示蚂蚁遍历一次所释放的信息素总量;L_k 为蚂蚁 k 经过路径的总长度。

以蚁群算法求解 TSP 问题的算法流程如下:

(1) 对相关参数进行初始化,包括蚁群规模、信息素因子、启发函数因子、信息素挥发因子、信息素常数、最大迭代次数等;

(2) 随机将蚂蚁放在不同的出发点,对每只蚂蚁计算其下一个访问城市,直至所有蚂蚁访问完所有城市;

(3) 计算各只蚂蚁经过的路径长度 L_k,记录当前迭代次数中的最优解,同时对各个城市连接路径上的信息素浓度进行更新;

(4) 判断是否达到最大迭代次数,若是,则终止程序,否则返回步骤(2);

(5) 输出程序结果,并根据需要输出程序寻优过程中的相关指标,如运行时间、收敛迭代次数等。

具体的流程图如 6.10 所示。

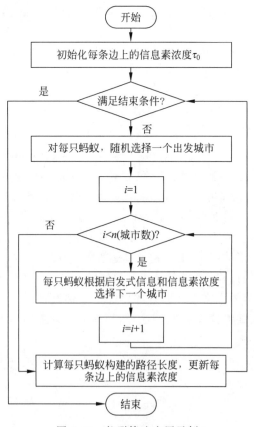

图 6.10　蚁群算法应用示例

有 31 个城市的位置坐标,用上述粒子群算法求解经过每个城市一次、回到出发地的最短路径。求解的结果如下。

最短距离:15601.9195

最短路径:14→12→13→11→23→16→5→6→7→2→4→8→9→10→3→18→17→19→24→25→20→21→22→26→28→27→30→31→29→1→15→14

具体如图 6.11 所示。

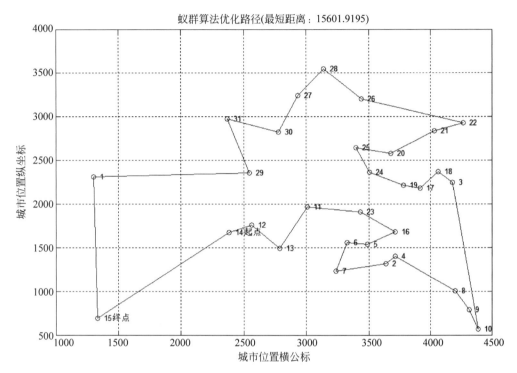

图 6.11 蚁群算法求 TSP 问题的最优解

用蚁群算法求解该问题的 MATLAB 程序见附录 C。

参考文献

[1] 吴微,周春光,梁艳春. 智能计算[M]. 北京:高等教育出版社,2009.

[2] 徐宗本,张讲社,郑亚林. 计算智能中的仿生学:理论与算法[M]. 北京:科学出版社,2003.

[3] 褚蕾蕾,陈绥阳,周梦. 计算智能的数学基础[M]. 北京:科学出版社,2002.

[4] ENGELBRECHT A P. 计算智能导论(原书第二版)[M]. 谭营,等译. 北京:清华大学出版社,2010.

[5] HOLLAND J H. Adaptation in Natural and Artificial Systems:An Introductory Analysis with Applications to Biology, Control, and Artificial Intelligence[M]. Ann Arbor, MI:University of Michigan Press, 1975.

[6] DORIGO M, GAMBARDELLA L M. Ant colonies for the travelling salesman problem[J]. Bio Systems, Medicine, Computer Science, 1997.

[7] 司守奎,孙玺菁. 数学建模算法与应用[M]. 北京:国防工业出版社,2011.

[8] WANG H L. Hybrid Immune Algorithm and its Application in Solving TSP[D]. Xi'an:Northwest

University, 2005.

[9] DORIGO M. Optimization, Learning and Natural Algorithms [D]. Politecnico di Milano, Italy, 1992.

扩展阅读

[1] 王冬梅. 群集智能优化算法的研究[D]. 武汉：武汉科技大学,2004.

[2] 李志伟. 基于群集智能的蚁群优化算法研究[J]. 计算机工程与设计,2003,24(8):27-29.

[3] 周丽娟. 改进粒子群算法和蚁群算法混合应用于文本聚类[J]. 长春工业大学学报(自然科学版),2009,30(3):341-346.

[4] 单好民. 基于改进蚁群算法和粒子群算法的云计算资源调度[J]. 计算机系统应用,2017(06):189-194.

[5] 李心. 基于改进粒子群蚁群融合算法的智能移动机器人路径规划研究[D].沈阳：东北大学,2014.

习题 6

一、单项选择题

1. 以下关于蚁群算法的描述错误的是(   )。

    A. 蚁群中蚂蚁的数量是不变的,每只蚂蚁的速度是相同的

    B. 每只蚂蚁释放的信息素多少是不同的

    C. 路径上的信息素随着时间慢慢消散

    D. 蚂蚁不回头走已走过的路径

2. 以下不属于群智能算法的是(   )。

    A. 粒子群算法   B. 蚁群算法   C. 遗传算法   D. 蜂群算法

3. 以下关于进化算法的描述错误的是(   )。

    A. 进化算法的核心思想是"物竞天择,适者生存",优秀个体有更多机会被选择参与繁殖,低劣个体有更少机会参与繁殖,直至逐渐消亡

    B. 繁殖或复制是物种代际延续的基础

    C. 突变或变异是物种适应环境的关键

    D. 遗传算法不属于进化算法

4. 下列关于遗传算法的描述不正确的是(   )。

    A. 突变概率较小时,物种的适应性比较稳定,优秀的突变能够在短时间内迅速提高整个种群的适应性

    B. 单纯提高突变概率,能够稳定地取得很好的结果

    C. 遗传算法与状态空间搜索法都将状态表示为"向量"

    D. 提升种群数量能够提高求解精度和稳定性

二、多项选择题

1. 遗传算法是模拟人类基因遗传和进化过程的一种算法,一般包括三大主要遗传操作,包括(   )。

A. 复制或选择   B. 交叉   C. 变异   D. 转录

2. 粒子群算法主要模拟飞鸟捕食过程,算法在优化个体时考虑了(　　)信息,以更新位置和速度。

A. 外部环境   B. 初始条件

C. 个体历史最优信息   D. 群体历史最优信息

3. 蚁群算法在路径寻优问题中,主要考虑(　　)两方面的信息选择待走路径。

A. 路径长度   B. 路径宽度

C. 信息素   D. 蚁群中个体的数量

三、判断题

1. 遗传算法中,种群规模越小,一般优化结果越好。(　　)

2. 使用遗传算法时,需要设置交叉率和变异率,一般情况下变异率大于交叉率。(　　)

3. 优化算法中,个体适应度越小,则个体性能越好。(　　)

四、简答题

1. 简述遗传算法的选择、交叉(杂交)、变异算子实现的思想。

2. 简述遗传算法的应用领域。

3. 简述粒子群算法的原理。

4. 简述粒子群算法的优缺点。

5. 简述蚁群算法的原理。

第7章

 图像识别技术与应用

7.1 图像识别技术概述

图像识别在人们的日常生活中无处不在,例如应用了指纹识别或人脸识别技术的门禁系统、手机的刷脸解锁、购物的刷脸支付、酷炫的无人驾驶,以及机器人完成各种复杂的任务等,都离不开图像识别技术。大家经常看到图像分类、目标检测、图像分割、风格迁移、图像重构、超分辨率、图像生成、图像理解这些让人眼花缭乱的名词,它们都是图像识别领域的概念。本章将系统讲解图像识别技术与应用的相关知识。

7.1.1 图像的概念

首先了解一下图像的基本概念。图像是自然景物的客观反映,同时也是人类的视觉基础,是人类认识世界和自身的重要源泉。"图"是物体透射或反射光的分布,是客观存在的;"像"是人的视觉系统所接受的图在人脑中所形成的印象或认识,是人的感觉。照片、绘画、剪贴画、地图、书法作品、手写汉字、传真、卫星云图、影视画面、X光片、脑电图、心电图等都是图像。据相关统计,现代人获取的信息大约有 70% 来自视觉,而视觉信息又主要是由图像组成的。

从广义上来说,图像是指所有具有视觉效果的画面,图像载体可以是纸质、照片、电视机或计算机屏幕等。图像根据图像记录方式的不同可分为两大类:数字图像和模拟图像。模拟图像可以通过某种物理量(如光、电等)的强弱变化来记录图像亮度信息,例如打印的照片、绘画、模拟电视图像;数字图像又称"数码图像"或"数位图像",是以二维矩阵形式表示的图像,其光照位置和强度都是离散的。数字图像是由模拟图像数字化得到的、以像素为基本元素的、可以用数字计算机或数字电路进行存储和处理的图像,也是本章主要讨论的对象。

7.1.2　图像识别的概念

简单来说,图像识别就是人们利用各种现代化技术对图像进行一系列的处理,将其中有用(可能是对人有用,也可能是对计算机有用)的信息提取出来以待进一步的分析和理解。图像识别的目的是对现实世界中的景象、物体等进行信息处理,将这些信息输入计算机,让计算机具有视觉功能,能够与外界进行交互,具有类似人类所拥有的识别物体的能力。

通俗地讲,图像识别就是计算机通过模仿人类视觉系统对客观世界图像的获取和认知过程来让机器获得相应的能力。有关研究表明,人类在进行图像识别时也并不是只通过大脑中的记忆而对某一图像进行识别,而是通过图像自身的特征再对其进行相应的分类,之后根据各个类别的图像所拥有的特征使图片能够被识别出来。当我们看到一张图片时,大脑便会快速反应,感觉出以前是否见过这张或类似的图片。事实上从“看到”到“感觉”期间已经实现了一个快速识别的过程,这一识别过程在某种程度上也类似一个搜索过程。在人类进行图像识别的过程中,已经有大量图片信息被分门别类地存储在大脑皮层中,大脑会检查其中是否有和待识别图像存在相同或者类似特征的存储记忆。计算机进行图像识别的原理也是大同小异的,计算机提取出图像的重要特征并进行分类,并对多余的无用特征进行有效排除,从而实现对图像的识别。

计算机所能提取出来的上述特征有时会比较明显,而有时也会比较模糊,这会对计算机的识别效率造成一定的影响。总而言之,在通过计算机进行视觉识别时,都是利用图像的特征来对图像的内容进行描述的。

目前,图像识别的应用包括:二维码识别、生物特征识别(如图 7.1 所示的人脸识别)、智能交通中的动态对象识别(如图 7.2 所示的车辆识别)、手写字符识别、智慧医疗中的病灶识别等。可以说,图像识别技术就是人类视觉认知的延伸,是人工智能的一个重要领域。

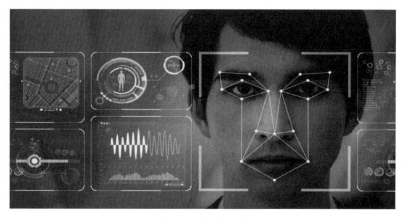

图 7.1　人脸识别

图 7.2　车辆识别

7.2　图像处理与图像识别技术

7.2.1　图像处理技术概述

图像处理(Image Processing)是一种利用计算机对图像进行分析和处理,以达到所需结果的技术,又称为影像处理。图像处理可分为模拟图像处理和数字图像处理,本书中提及的图像处理均为数字图像处理,这种处理大多是依赖于软件实现的。图像处理的目的是去除干扰和噪声,并将原始图像编码成便于计算机进行特征提取的形式,包括图像增强、图像复原、图像编码与压缩、图像分割等技术。

(1) 图像增强。

图像增强(图 7.3)是通过某些技术手段,来达到使原本不清晰的图像变得清晰或重点突出某些特征的目的。比如在处理医学 CT 图像时通常会用到图像增强技术,将病灶和正常组织更明显地区分开来。

(2) 图像复原。

图像复原(图 7.4)也称为图像恢复。在获取图像时可能由于环境的噪声、物体的运动、光线的强弱等原因使得图像模糊,为了得到比较清晰的图像,此时便需要对图像进行恢复,比如去运动模糊就是一种典型的图像复原。

图 7.3　图像增强

图 7.4　图像复原

(3) 图像分割。

图像分割(图 7.5)是把图像分成若干个具有独特性质的区域并提取出感兴趣的目标的

技术。车牌识别是图像分割技术的一个典型应用。

图 7.5 图像分割

（4）图像特征提取。

图像特征提取（图 7.6）指的是使用计算机提取图像信息，决定图像的每个点是否属于一个图像特征。常用的图像特征有颜色特征、纹理特征、形状特征、空间关系特征等。

图 7.6 图像特征提取

图像处理技术是图像识别的基础。图像识别是在对图像特征进行抽取的基础上，根据图像的几何和纹理特征对图像进行分类并且对其整体结构进行分析，从而达到对图像内容的分析和理解。在识别前要对图像进行消除噪声和干扰、提高对比度、几何校正和边缘增强等预处理。

数字图像处理的流程涉及图像数字化设备、图像处理计算机和软件、图像输出设备等，如图 7.7 所示。

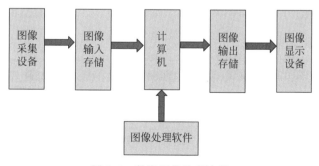

图 7.7 数字图像处理流程

7.2.2　图像识别技术的起源

人眼是最原始的图像识别设备,古人看到图像之后通过绘画的形式保存下来。由于人眼识别会遇到很多不可控因素,而且人眼不能很好地捕捉到图像的细节,因此图像的识别只能用于简单的物体、文字等识别。随着社会的进步和科学技术的飞速发展,人眼的识别精度等局限使得它已经不能满足社会生产和生活的需要,所以图像识别技术应运而生。

图像识别是人工智能的一个重要领域,与现代信息技术的发展息息相关。本章所说的图像识别早就超越传统意义上人类的肉眼识别,而是使用计算机技术进行识别。

早期的图像识别技术首先提取图像的特征,然后通过提取的相关特征来对图像进行识别和分类。近年来,深度学习的飞速发展极大地提高了图像识别的准确性。深度学习是从大量的图像数据中提取特征并完成分类,缺点是深度学习技术过分依赖大数据,仅在使用大量标记样本的情况下才能获得较好的识别和分类结果。如何利用有限的数据进行图像识别是科学家们研究的重要方向之一。

7.2.3　图像识别技术发展史

一般来讲,图像识别的发展经历了三个阶段:文字识别,数字图像处理与识别,物体识别。

(1) 文字识别的研究是从 1950 年开始的,一般是识别字母、数字和符号。文字识别应用非常广泛,如印刷文字识别、手写文字识别。计算机的图像识别源于人眼认识世界。一个直观的例子是象形文字的发明。古人将肉眼识别出的物体的形状刻画成文字(如图 7.8),利用视觉印象表达抽象含义。经过几千年的社会发展,人们发明了望远镜和显微镜等可供人类捕获图像深层次细节的工具,望远镜扩大了人类视觉的宏观范围,显微

图 7.8　象形文字

镜使人们可以洞悉微观世界,而相机则使人们可以永远记录图像。

(2) 20 世纪 20 年代,人们使用图像压缩技术通过伦敦和纽约之间的海底电缆传输了历史上第一张数字照片,用于提高照片的质量。随着 1946 年电子计算机的问世,图像的采集、处理、传输和存储有了质的飞跃。数字图像处理最早出现在 20 世纪 50 年代,当时计算机已达到一定水平,可以使用计算机来处理图形和图像信息。早期的计算机在计算速度、存储容量和软件处理能力方面不能满足实时图像处理的需求,但是计算机硬件的发展改善了计算机处理图像的能力。

作为一个研究领域的数字图像处理形成于 20 世纪 60 年代初期。数字图像与模拟图像相比,具有可压缩,传输过程中不易失真,存储、传输和处理方便等巨大优势,这些都为图像识别技术的发展提供了强大的动力。数字图像处理的首次成功应用是在美国喷气推进实验室(JPL)。科学家们对航天探测器"徘徊者 7 号"在 1964 年发回的几千张月球照片进行处

理,如几何校正、灰度变换、去除噪声等,并考虑了太阳位置和月球环境的影响,由计算机成功绘制出月球表面地图,随后又对探测器传回的近十万张照片进行了更复杂的图像处理,获得了月球的地形图(图7.9)、彩色图及全景镶嵌图,为人类实现登月创举奠定了坚实的基础。迄今为止,图像处理一直是航空航天领域不可或缺的技术工具。

图 7.9 月球地形图

20 世纪 70 年代,图像处理技术被应用于医学成像(图 7.10)、地球资源的远程监控和天文学领域。我国学者对图像处理技术进行了大规模的研究,极大地拓展了我国的数字图像处理领域。

图 7.10 医学影像

20 世纪 60 年代至今,图像处理技术蓬勃发展,并且一直是工程、计算机科学、信息科学、统计学、物理学、化学、生物学、医学和社会科学领域的研究课题。如今,图像处理技术已为社会带来了巨大的经济利益和积极影响。

20 世纪 80 年代,图像处理领域的主要成就是数字图像压缩格式标准(Joint Photographic Experts Group,JPEG)和视频压缩标准(Moving Picture Experts Group,MPEG)。这两种技术的发明大大提高了图像的存储和传输效率,已成功应用于 VCD (Video Compact Disc)、DVD(Digital Versatile Disc)和 HDTV(High Definition Television) 等。20 世纪 90 年代,新技术层出不穷,图像处理技术也飞速发展。

(3) 物体识别主要指对三维世界的客体、环境的感知和认识,属于高级计算机视觉的范畴。它是以数字图像处理与识别为基础的,结合了人工智能、系统学等学科的研究方向,其研究成果被广泛应用于各种工业及探测机器人。现代图像识别技术的一个典型缺陷就是自适应性较差,一旦目标图像被较强的噪声污染或目标图像有较大残缺,往往就得不到理想的结果。

在图像识别领域,一个典型的物体识别系统一般包括以下几方面:预处理,特征提取,特征选择,建立模型,特征匹配和定位。物体识别的过程包括以下步骤:读取图像或视频序列,进行运动目标检测,提取出前景图像;分析所提取的前景图像的颜色特征,分离前景区域中各颜色连通区域,得到对象的结构;对结构部分,通过矩不变量将其映射到特征空间,根据概率模型进行分类,若符合已知结构,则识别为对应物体。

7.2.4 图像识别技术现状

如今,图像识别技术具有处理精度高、灵活性高、再现性好、应用范围广、信息压缩潜力大等优点。但是,在实际的开发过程中,该技术仍然存在一些问题,主要包括以下几方面。在当今使用图像识别技术的流程中,处理的大多数信息都是二维的,涉及很多图像细节的处理,对计算机处理速度有较高要求,满足这些要求将导致更高的成本和更大的处理难度;在使用图像识别技术的过程中,图像主要是三维场景的二维投影,因此不会显示三维场景的所有细节,并且在场景背面不会显示任何信息,因此,此过程需要对三维场景进行适当分析;图像识别完成后,将由相关技术人员进行评估,在此过程中存在人为因素。当然,随着近年来科学技术和电子产品的飞速发展,图像可以显示越来越多的细节,图像识别技术也在不断发展。

随着计算机技术的飞速发展,图像识别技术已被广泛应用于人类社会生产和生活的方方面面。随着智能技术的加入,计算机对图像的识别和处理能力变得越来越强大,图像识别技术也将迎来更好的发展机遇。

7.3 图像识别技术的实现

要识别一个物体对人类而言非常容易,对机器来说却颇为困难。现在我们就为大家揭秘图像识别是如何实现的,计算机如何利用机器学习算法进行图像识别,进而得以"看见"这个现实世界。

图像识别分为生物识别、物体与场景识别和视频识别,其部分应用如图 7.11 所示。其中生物识别包括指纹、掌形、眼睛(视网膜和虹膜)、脸型等;物体与场景识别包括签名、语音、行走的步态、击打键盘的力度等;视频识别包括视频检测、视频目标跟踪、视频理解等。

图 7.11 图像识别的典型应用

7.3.1 图像识别的基本流程

图像识别的基本流程如图 7.12 所示,主要步骤包括信息的获取、图像预处理、图像分割、特征提取和选择、图像分类等。

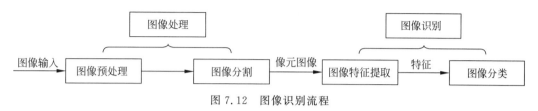

图 7.12 图像识别流程

信息获取:首先进行图像信息的获取,通过传感器将光或声音等信息转化为电信息。信息可以是二维的,如文字、图像等;可以是一维的波形信号,如声波、心电图、脑电图;也可以是物理量与逻辑值。

图像预处理:包括 A/D 转换,二值化,图像的平滑、变换、增强、恢复、滤波等,加强图像的重要特征。

图像分割:将图像分成若干个特定的、具有独特性质的区域,并提出感兴趣的目标的技术和过程。它是由图像处理到图像分析的关键步骤。图像分割是图像识别和计算机视觉技术中至关重要的预处理,没有正确的分割就不可能有正确的识别。

特征提取和选择:在实际科研或应用中,我们所研究的图像是各式各样的,如果想要将它们区分开来,就要通过识别这些图像本身所具有的特征来处理,获取这些特征的过程便是特征提取。在特征提取中所得到的所有特征对此次识别并不都是有用的,这个时候就需要提取出有用的特征,即特征的选择。特征提取和选择在图像识别过程中是非常关键的技术,是图像识别技术的重点。

图像分类:顾名思义,图像分类就是将输入系统的图像按照确定好的类别进行划分。通俗地讲,我们将一幅图像输入计算机系统,然后计算机通过运行程序,判断这幅图像的分类应该是风景还是人物,或者判断图像里面是猫还是狗。

图像识别通过对图像处理得到的特征进行分析,从而实现对图像的识别和理解,7.3.2节将重点讲述图像识别的基本方法。

7.3.2 图像识别的基本方法

图像识别方法中常见的方法有统计法、神经网络法、模板匹配法等。

(1) 统计法(Statistic Method)。

统计法首先需要对被研究的图像进行统计分析,找出相关的规律,再计算和比较分类误差以实现图像识别。数学中的决策理论是统计法的基础,其方法是建立统计学识别模型,计算分类误差,误差最小的即为正确的分类。由于统计方法仅考虑数学上的相似,而忽略了图像中的空间结构关系等,当图像非常复杂、图像中物体类别数量过大时,统计法便难以达到理想的识别效果。

（2）神经网络法（Neural Network）。

神经网络是模拟人类或动物大脑中神经细胞的活动方式设计出来的。神经网络系统是由大量的、基本的处理单元（称为神经元），按照特定方式相互连接而形成的复杂网络系统。独立的神经元的组成结构和功能较为单一，通过大量神经元组合、聚集形成的网络系统却具有复杂的功能行为。它主要对脑神经活动进行抽象，用于模拟复杂的脑神经系统，实现某些具有类脑特征的活动。在多层神经网络的基础上发展起来的深度学习目前广泛应用于图像识别领域，未来有着巨大的发展空间。

（3）模板匹配法（Template Matching）。

模板匹配法是一种最基本的图像识别方法。所谓模板主要是针对待检测区域某些特征的提取而设计的矩阵，它的形式多样，可以是数字量，也可以是符号串等。模板匹配方法主要是将设计好的模板与待检测区域中的物体进行比较，如果某物体与模板相匹配，则特征物体被检测出来，并认为两者为同一物体。模板匹配法因其简易性而广受欢迎，但由于待检测区域大小不固定，物体尺寸不统一，为了尽可能表明物体的所有尺寸，必然需要大量模板，因此该方法匹配过程中需要进行大量的存储式计算，会增加系统的消耗，降低执行效率。同时，该方法的识别率过多地依赖于已知物体的模板，如果模板发生变化，直接影响匹配的成功率，算法的鲁棒性较差。

7.4　图像识别技术的应用

7.4.1　图像识别技术的分类

图像识别技术广泛应用于日常生活的方方面面，主要应用包括以下几方面。

（1）图像分类。

图像分类关注图片的整体（图7.13），是根据各自在图像信息中所反映的不同特征，把属于不同类别的图片或者目标区分开来，并给出整张图片的内容描述的图像处理方法。处理过程中，计算机对图像进行定量分析，把图像或者图像中的每个像元或区域划归为若干类别中的一种，以代替人的视觉判断。

（2）目标检测。

目标检测关注图像中特定的物体目标（图7.14），要求同时获得这一目标的类别信息及其在图片中的位置信息，给出对图片前景和背景的理解。目标检测能够从背景中分离出感兴趣的目标，并确定对这一目标的描述，即类别和位置，因此，检测模型输出一个列表，列表的每一项使用一个数据组表示已检出目标的类别和位置。

（3）目标跟踪。

根据背景是否变化，目标跟踪可分为静态背景下的目标跟踪和动态背景下的目标跟踪，根据跟踪的目标数可分为单目标跟踪和多目标跟踪（图7.15）。单目标跟踪是在给定某视频序列初始帧的目标大小与位置的情况下，预测后续帧中该目标的大小与位置。多目标跟踪是在一段视频中同时追踪多个目标的大小和位置，且每一帧中目标的数量和位置都有可能变化。

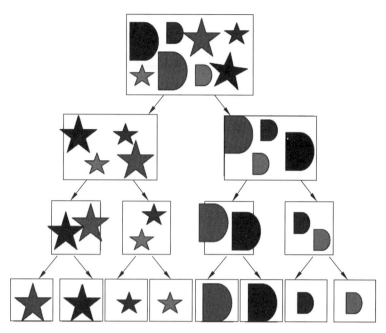

图 7.13 图像分类

图 7.14 目标检测

（4）图像分割。

图像分割包括语义分割和实例分割（图 7.16）。其中，语义分割是背景分离的拓展任务，将具有不同语义的图像部分分离开，而实例分割是模板检测的拓展，能描述模板的轮廓。图像分割为每个像素赋予类别，是图像的像素级描述，适用于理解程度要求较高的场景。

图 7.15　目标跟踪

图 7.16　图像分割

7.4.2　图像识别技术的应用场景

（1）自动驾驶。

自动驾驶是指汽车依赖计算机和人工智能技术，在脱离人为操作的情况下，自动完成安全、有效驾驶的技术（图 7.17）。在自动驾驶中，汽车需要利用目标检测和目标跟踪技术，自动检测周围事物，通常使用摄像头作为传感器，结合识别出的汽车前方和周围的事物，作为自动驾驶系统做出各种决策的依据。其中，目标检测的对象通常为车辆、行人和交通标志，目标跟踪的对象通常为汽车和行人。另外还需要使用图像分割技术，用于分割道路和非道路部分。

（2）虚拟现实。

虚拟现实是利用计算机模拟产生三维空间的虚拟世界，为用户提供视觉和听觉等感官上的模拟（图 7.18）。在虚拟现实技术中，为使用户能与虚拟世界进行交互，增强沉浸感，需要对用户的实时运动姿态进行空间定位，为完成这一任务，通常采用激光扫描定位技术或图像识别定位技术，其中图像识别定位技术具有便捷、快速和硬件安装简单等优点，采用较广泛。

图 7.17　自动驾驶

图 7.18　虚拟现实

（3）图像理解。

图像理解（图 7.19）的目标是理解图像中的语义，它以图像为理解对象，研究图像中目标的类别、目标之间的关系、场景以及如何应用场景。通常使用目标检测或图像分割技术提取图像中的各个目标，将目标的类别结合自然语言处理技术，生成最终的理解结果，通常为一个语句。

图 7.19　图像理解

（4）智慧医疗。

图像识别广泛应用于现代医学，它具有直观、安全、方便等优点。在临床诊断中，使用CT等技术可以获取病人患病部位的扫描图片，从而为图像识别系统提供图像（图 7.20）。在某些可以通过CT图像来判断病人是否患病的情况下，可以使用目标检测找到病灶所处的位置，并判断出病人所患疾病的类型，使用图像分割还可以进一步分割出病灶。

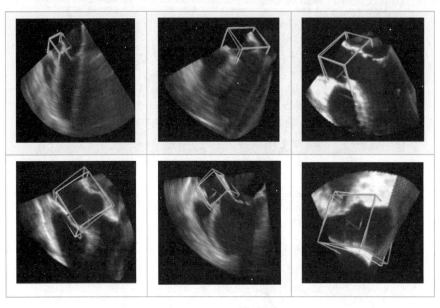

图 7.20　CT 图像识别

（5）智能安防。

在智能安防领域，目标检测和跟踪常用于军事目标的侦查、制导和警戒，森林防火中对自动灭火器的控制，以及公安部门对案发现场照片、指纹和人像等的处理和辨识（图 7.21）。在监控系统中，可以使用目标检测和行人重识别技术对目标进行追踪。

图 7.21　智能安防

（6）人机交互。

随着各种机器人的诞生和应用，人机交互成为机器人设计中重要的一部分（图7.22）。为使人机交互更加便捷，一些机器人搭载了图像识别技术，用于识别交互对象的姿态、表情变化，使得机器能与人更加自然地进行交互。

（7）工业视觉。

当前，图像识别技术与工业相结合，产生了工业视觉技术，主要采用目标检测和图像分割技术对工业制造的各个流程进行监督，保证生产制造过程的顺利进行；或是对产品进行检测，对产品质量进行判断（图7.23）。比如，对酒瓶生产线产出的成品外表使用目标检测，判断该酒瓶是否属于疵品。

图7.22 人机交互

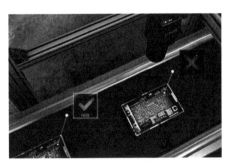

图7.23 工业视觉

（8）智慧交通。

智慧交通技术旨在通过一系列先进技术，减少拥堵、提高交通效率并减少交通事故发生的概率（图7.24）。比如使用目标检测和目标跟踪技术，分析某个十字路口的各个摄像头拍下的图像，统计该十字路口一天中各个方向的人流量和车流量变化情况，动态地改变各个红绿灯的变灯间隔，使得各方都能更快地通过该路口。

（9）字符识别。

字符识别即光学字符识别（Optical Character Recognition，OCR）（图7.25），是指用光学设备检查进入镜头中的字符，通过检测暗、亮的模式确定其形状，然后通过字符识别技术将形状翻译成计算机可识别的文字。

图7.24 智慧交通

图7.25 字符识别

7.4.3　图像识别技术的展望

随着大数据时代的到来和人工智能技术的兴起,图像识别技术产生了一系列分支,并应用于各行各业,用于完成特定的任务。当前,人脸识别等技术已经应用于社会的各个方面,而从长远来看,大部分需要人使用视觉辅助完成的任务都有很大可能被图像识别技术代替完成。因此,图像识别技术将会在未来得到更好的发展和更加广泛的应用。

基于深度学习的图像识别技术是当前的热点和未来的发展趋势,它弥补了浅层人工神经网络无法自动提取图像特征的缺陷,实现了端到端的图像识别。使用深度学习技术来学习照片样本的特征,可以使从低级到高级功能越来越抽象。输入样本后,首先执行样本卷积和样本缩减操作,以提取并选择样本特征。深度学习使用逐层分析和联合优化来最大程度地减少分类错误。

深度学习与传统识别技术相比,具有以下优势。

(1) 系统自行学习并归纳特征,无须人工标记特征。

(2) 使用简单,容易应用到生产生活中。深度学习不需要学习繁杂的专业知识,能够快速被企业接纳。

(3) 识别准确度高。深度学习的错误率已经降至很低的水平,并且被广泛应用到实际问题中。

深度学习有很多优点,但也有很多缺点。由于深度学习模型很复杂,因此很难进行理论研究,也没有理论支持可以用来调整数据;深度学习需要大量的标签样本来进行训练,如果样本不足或难以获得,则研究过程将很困难;此外,深度学习需要昂贵的高性能 GPU,并且需要花费很多时间进行训练。

深度学习的不足之处通过其他技术的弥补,可以达到较优的性能,在图像识别上有着很好的发展前景。

可以预见,未来的图像识别技术将更加强大和智能,作为不可或缺的一项技术,将有更为广泛的应用,给人类生活带来巨大的改变。

参考文献

[1]　翁和王.关于人工智能中的图像识别技术的研究[J].信息通信,2016,10：192-192.
[2]　武煜博.图像识别技术发展与应用[J].电子技术与软件工程,2017,4.
[3]　360 百科[EB/OL].(2019-12-30)[2020-03-31].https://baike.so.com/doc/5431092-5669384.html.

扩展阅读

[1]　魏溪含,涂铭,张修鹏.深度学习与图像识别:原理与实践[M].北京:机械工业出版社,2019.
[2]　GONZALEZ R C. 数字图像处理[M].3 版.阮秋琦,阮宇智,译.北京:电子工业出版社,2017.
[3]　SONKA M,HLAVAC V,BOYLE R. 图像处理、分析与机器视觉[M].4 版.兴军亮,艾海舟,等译.北京:清华大学出版社,2016.
[4]　图像识别——百度 AI 开放平台[EB/OL].[2020-05-31].https://ai.baidu.com/tech/imagerecognition.

[5]　人工智能与图像处理[Z/OL].[2020-05-31].微信公众号(微信号：gh_d993e6f10c49).

[6]　计算机视觉战队[Z/OL].[2020-05-31].微信公众号(微信号：gh_f1e113c05ec4).

[7]　新机器视觉[Z/OL].[2020-05-31].微信公众号(微信号：vision263com).

习题 7

一、单项选择题

1.（　　）不是图像识别的方法。

    A. 模板匹配法　　　　　　　　　　　B. 统计法

    C. 神经网络法　　　　　　　　　　　D. 演绎法

2. 图像识别技术的发展经历了三个阶段：（　　）、数字图像处理与识别、物体识别。

    A. 动物识别　　　　　　　　　　　　B. 人脸识别

    C. 文字识别　　　　　　　　　　　　D. 植物识别

3. 下列可以用于描述池化的是（　　）。

    A. 用一个固定大小的矩形区去席卷原始数据,将原始数据分成一个个和卷积核大小相同的小块,然后将这些小块和卷积核相乘,输出一个卷积值

    B. 也称为欠采样或下采样,主要用于特征降维,压缩数据和参数的数量,减小过拟合,同时提高模型的容错性

    C. 每一个结点都与上一层的所有结点相连,用来把前边提取到的特征综合起来

    D. 为了突出图像中感兴趣的部分,使图像的主体结构更加明确,必须对图像进行改善

4. 下列不属于图像识别技术的是（　　）。

    A. 图像分类　　　　　　　　　　　　B. 目标检测

    C. 自然语言处理　　　　　　　　　　D. 目标跟踪

二、多项选择题

1. 下列技术中（　　）运用了图像识别技术。

    A. 人脸识别技术　　　　　　　　　　B. 手写文字识别技术

    C. 语音翻译技术　　　　　　　　　　D. 引擎推荐技术

2. 人脸识别系统主要包括（　　）几个组成部分。

    A. 人脸图像采集及检测　　　　　　　B. 人脸图像预处理

    C. 人脸图像特征提取　　　　　　　　D. 匹配与识别

3. 以下图像技术中,（　　）属于图像处理技术。

    A. 图像编码　　　　　　　　　　　　B. 图像合成

    C. 图像增强　　　　　　　　　　　　D. 图像分类

4. 下列（　　）属于图像识别技术的应用。

    A. 自动驾驶　　　　　　　　　　　　B. 图像理解

    C. 字符识别　　　　　　　　　　　　D. 语音识别

三、判断题

1. 由于神经网络方法具有非线性映射逼近、自组织、自适应和自学习等能力,所以适应所有的新场景。( )

2. 深度学习在使用少量标记样本的情况下,也能获得良好的识别和分类结果。( )

3. 图像识别过程分为图像处理和图像识别两个部分。( )

4. 图像识别技术可用于医学中检测病灶。( )

四、简答题

1. 简述图像识别的过程.

2. 简述图像处理的基本流程。

3. 图像信息处理的主要方法有哪些?

4. 你认为图像识别技术还可以应用到哪些场景?

第8章

自然语言处理

8.1 自然语言处理概述

比尔·盖茨曾说过，"语言理解是人工智能皇冠上的明珠"。自然语言处理（Natural Language Processing，NLP）的进步将会推动人工智能的整体进展。自然语言处理的历史几乎跟计算机和人工智能的历史一样长。自计算机诞生起，就开始有了对人工智能的研究，而人工智能领域最早的研究就是机器翻译和自然语言理解。

在人工智能出现之前，机器只能处理结构化的数据（如 Excel 文件里的数据），但是网络中大部分的数据都是非结构化的（图 8.1），如文本、图片、音频、视频等。

在非结构化数据中，文本的数量是最多的，它虽然没有图片和视频占用的空间大，但是它包含的信息量是最大的。为了能够分析和利用这些文本信息，我们就需要利用自然语言处理技术，让机器理解这些文本信息并加以利用。

在大自然中，每种动物都有自己的语言（图 8.2），机器也一样。

图 8.1　结构化数据与非结构化数据

图 8.2　不同物种的语言

不同的物种之间是无法直接沟通的，比如人类就无法听懂狗叫，甚至使用不同语言的人类之间都无法直接交流，需要通过翻译才能交流，而计算机更是如此。为了让计算机之间互相交流,人们让所有计算机都遵守一些规则,这些规则就是计算机的语言。

　　既然不同人类语言之间可以进行翻译,那么人类和机器之间是否可以通过"翻译"的方式来交流呢?

　　自然语言处理就是在机器语言和人类语言之间沟通的桥梁,以实现人机交流的目的。人类通过语言来交流,狗通过"汪汪"叫来交流。机器也有自己的交流方式,那就是数字信息。

8.1.1　什么是自然语言处理

　　简单地说,自然语言处理就是用计算机来处理、理解以及运用人类语言(如中文、英文等),它属于人工智能的一个分支,是计算机科学与语言学的交叉学科,又常被称为计算语言学。由于自然语言是人类区别于其他动物的根本标志,没有语言,人类的思维也就无从谈起,所以自然语言处理体现了人工智能的最高任务与境界。也就是说,只有当计算机具备了处理自然语言的能力时,才算实现了真正的智能。

　　从研究内容来看,自然语言处理包括语法分析、语义分析、篇章理解等。从应用角度来看,自然语言处理具有广泛的应用前景。特别是在信息时代,自然语言处理的应用包罗万象,例如机器翻译、手写体和印刷体字符识别、语音识别与语音转换、信息检索、信息抽取与过滤、文本分类与聚类、舆情分析和观点挖掘等,它涉及与语言处理相关的数据挖掘、机器学习、知识获取、知识工程、人工智能研究和与语言计算相关的语言学研究等。

　　值得一提的是,自然语言处理的兴起与机器翻译这一具体任务有着密切联系。机器翻译指的是利用计算机自动地将一种自然语言翻译为另一种自然语言。例如,自动将英文"I like Beijing Tiananmen Square"翻译为"我爱北京天安门",或者反过来,将"我爱北京天安门"翻译为"I like Beijing Tiananmen Square"。由于人工翻译需要训练有素的双语专家,翻译工作非常耗时、耗力,更不用说翻译一些专业领域文献时,还需要翻译者了解该领域的基本知识。世界上有几千种语言,仅联合国的工作语言就有六种之多,如果能够通过机器翻译准确地进行语言间的翻译,将大大提高人类沟通的效率。

　　《圣经》里有这样一个故事。巴比伦人想建造一座塔直通天堂,建塔的人都说着同一种语言,心意相通,齐心协力。上帝看到人类竟然敢做这种事情,就让他们的语言变得不一样。因为人们听不懂对方在讲什么,于是大家整天吵吵闹闹,无法继续建塔。后来人们把这座塔叫作"巴别塔",而"巴别"的意思就是"分歧"。虽然巴别塔停建了,但一个梦想却始终萦绕在人们心中:人类什么时候才能拥有相通的语言,重建巴别塔呢? 机器翻译被视为"重建巴别塔"的伟大创举。假如能够实现不同语言之间的机器翻译,我们就可以理解世界上任何人所说的话,与他们进行无障碍的交流和沟通,再也不必为不能相互理解而困扰。

　　事实上,"人工智能"作为一个研究主题正式被提出来的时候,创始人把计算机国际象棋和机器翻译作为两个标志性的任务,认为只要国际象棋系统能够打败人类世界冠军,机器翻译系统达到人类翻译水平,就可以宣告人工智能的胜利。40 年后的 1997 年,IBM 公司的"深蓝"超级计算机已经能够打败国际象棋世界冠军卡斯帕罗夫,而机器翻译水平到现在仍无法与人类翻译相比,由此可以看出自然语言处理有多么困难。

　　自然语言处理兴起于美国。第二次世界大战之后的 20 世纪 50 年代,当电子计算机还在"襁褓"之中时,利用计算机处理人类语言的想法就已经出现。当时,美国希望能够利用计算机将大量俄语材料自动翻译成英语,以窥探苏联科技的最新发展。研究者从破译军事密码中得到启示,认为不同的语言只不过是对"同一语义"的不同编码而已,从而想当然地认为可以采用译码技术像破译密码一样"破译"这些语言。

1954年1月7日,美国乔治敦大学和IBM公司合作实验,成功地将超过60句俄语自动翻译成英语。虽然当时的机器翻译系统非常简单,仅仅包含6个语法规则和250个单词,但由于媒体的广泛报道,大家纷纷认为这是一个巨大的进步,导致美国政府备受鼓舞,加大了对自然语言处理研究的投资。实验完成者也当即自信地撰文称,在三到五年之内就能够完全解决从一种语言到另一种语言的自动翻译问题。他们认为只要制定好各种翻译规则,通过大量规则的堆砌就能够完美地实现语言间的自动翻译。

然而,事实是理解人类语言远比破译密码要复杂得多,因此研究进展非常缓慢。1966年的一份研究报告总结发现,经过十余年之久的研究,成果远远未能达到预期,因此支持资金急剧减少,使自然语言处理(特别是机器翻译)的研究陷入了长达20年的低潮。直到20世纪80年代,随着电子计算机的计算能力的飞速提高和制造成本的大幅下降,研究者又开始重新关注自然语言处理这个极富挑战性的研究领域。三十年沧海桑田,此时研究者已经认识到简单的语言规则的堆砌无法实现对人类语言的真正理解。研究发现,通过对大量文本数据的自动学习和统计,能够更好地解决自然语言处理问题,如语言的自动翻译。这一思想被称为自然语言处理的统计学习模型,至今方兴未艾。

那么,自然语言处理到底存在哪些主要困难或挑战,吸引了这么多研究者几十年如一日孜孜不倦地探索解决之道呢?

8.1.2 自然语言处理的主要困难

自然语言是人类智慧的结晶,自然语言处理是人工智能领域最为困难的问题之一,它是能够让人类与智能机器进行沟通、交流的重要技术手段。因此,自然语言处理的研究是充满魅力和挑战的。看看实例8.1的这段对话,让我们体会一下自然语言处理中的困难。

实例8.1 自然语言理解的困难示例

关于自动升降晾衣架的对话
妻子:"嘿!过了一年才坏。"
丈夫:"什么呀,才一年就坏了。"
问:丈夫理解了妻子的意思吗?
——虚词词义:才(在数量词前后,表示的意义不同)
——背景知识:保修期
——知识激活机制?

自然语言处理的困难可以罗列出来很多,其关键在于消除歧义(图8.3),如词法分析、句法分析、语义分析等过程中存在的歧义,简称为消歧。而正确的消歧需要大量的知识,包括语言学知识(如词法、句法、语义、上下文等)和专业背景知识(与语言无关)。这导致了自然语言处理的两个主要困难。

图 8.3   自然语言处理的困难 1(语义歧义)

首先,自然语言中充满了大量歧义(图 8.4),这主要体现在词法、句法及语义三个层次上。歧义的产生是由于自然语言所描述的对象——人类活动非常复杂,而语言的词汇和句法规则又是有限的,这就造成同一种语言形式可能具有多种含义。

例如,单词定界问题属于词法层面的消歧任务。在口语中,词与词之间通常是连贯地说出来的。在书面语中,中文等语言也没有词与词之间的边界。由于单词是承载语义的最小单元,要解决自然语言处理问题,单词的边界界定问题首当其冲。

他说:"她这个人真有意思(funny)"。她说:"他这个人怪有意思的(funny)。于是人们以为他们有了意思(wish),并让他向她意思意思(express)。他火了:"我根本没有那个意思(thought)"!她也生气了:"你们这么说是什么意思(intention)"?事后有人说:"真有意思(funny)"。也有人说:"真没意思(nonsense)"。

——《生活报》1994.11.13.第六版

Ambiguity

图 8.4   自然语言处理的困难 2(语义歧义)

特别是中文文本通常由连续的字序列组成,词与词之间缺少天然的分隔符,因此中文信息处理比英文等西方语言多一道工序,即确定词的边界,我们称为"中文自动分词"任务。通俗地说,就是要由计算机在词与词之间自动加上分隔符,从而将中文文本切分为独立的单词。例如,句子"今天天气晴朗"的带有分隔符的切分文本是"今天|天气|晴朗"。中文自动分词处于中文自然语言处理的底层,是公认的中文信息处理的第一道工序,扮演着重要的角色,主要涉及新词发现和歧义切分等问题。我们注意到,正确的单词切分取决于对文本语义的正确理解,而单词切分又是理解语言的最初一道工序。这样一个"鸡生蛋、蛋生鸡"的问题自然成了(中文)自然语言处理的第一只拦路虎,如实例 8.2 所示。

实例 8.2   词语切分歧义

词语切分歧义:白天鹅
可能的切分:白天鹅/——白/ 天鹅/——白天/ 鹅/——白/ 天/ 鹅/
计算机程序可以按某种算法实现这种切分,给出一种或多种结果。对否?
白天鹅飞过来了——白/ 天鹅/ 飞/ 过来/ 了
白天鹅可以看家——白天/ 鹅/ 可以/ 看/ 家/
白天鹅在湖里游泳——白/ 天鹅/ ? 白天/ 鹅/ ?

其他级别的语言单位也存在着各种歧义。例如在短语级别上,"进口彩电"可以理解为动宾关系(从国外进口彩电),也可以理解为偏正关系(从国外进口的彩电)。又如在句子级别上,"做手术的是她的父亲"可以理解为她父亲生病了,需要做手术;也可以理解为她父亲是医生,给别人做手术。总之,同样一个单词、短语或者句子有多种可能的理解,可以表示多种可能的语义。如果不能解决好各级语言单位的歧义问题,我们就无法正确理解语言要表达的意思,如实例8.3所示。

实例8.3　短语结构歧义1

> 短语结构的歧义:m＋q＋n＋"的"＋n
> 三个大学的老师 三/m 个/q 大学/n 的/u 老师/n
> ——[[三/m 个/q 大学/n] 的/u 老师/n]
> ——[三/m 个/q [大学/n 的/u 老师/n]]
> 三所大学的老师——[[三/m 所/q 大学/n] 的/u 老师/n]
> 三位大学的老师——[三/m 位/q [大学/n 的/u 老师/n]]

另一方面,消除歧义所需要的知识在获取、表达以及运用上存在困难。由于语言处理的复杂性,难以设计合适的语言处理方法和模型。

例如上下文知识的获取问题。在试图理解一句话的时候,即使不存在歧义,我们也往往需要考虑上下文的影响。所谓"上下文"指的是当前所说这句话所处的语言环境,例如说话人所处的环境,或者是这句话的前几句话或者后几句话,等等。假如当前这句话中存在着指代词,我们需要通过这句话前面的句子来推断这个指代词指的是什么。以"小明欺负小亮,因此我批评了他"为例。第二句话中的"他"是指代"小明"还是"小亮"呢?要正确理解这句话,我们就要理解上句话"小明欺负小亮"意味着"小明"做得不对,因此第二句中的"他"应当指代的是"小明"。由于上下文对于当前句子的暗示形式是多种多样的,因此如何考虑上下文影响是自然语言处理中的主要困难之一,如实例8.4所示。

实例8.4　短语结构歧义2

> 小明要求他爸爸给他弟弟买一件他喜欢的衣服,他同意了。
> (4个"他"各指谁?)

再如背景知识问题,正确理解人类语言还要有足够的背景知识。举一个简单的例子,在机器翻译的研究初期,人们经常举这个例子来说明机器翻译任务的艰巨性。在英语中,"The spirit is willing but the flesh is weak.",意思是"心有余而力不足"。但是当时的某个机器翻译系统将这句英语翻译到俄语然后再翻译回英语之后,却变成了"The voltka is strong but the meat is rotten.",意思是"伏特加酒是浓的,但肉却腐烂了"。从字面意义上看,"spirit(烈性酒)"与"voltka(伏特加)"对译似无问题,而"flesh"和"meat"也都有"肉"的意思。那么这两句话在意义上为什么会南辕北辙呢?关键就在于在翻译的过程中,机器翻译系统对于英语成语并无了解,仅仅是从字面上进行翻译,结果自然是"差之毫厘,谬以千里"。

从上面两个方面的主要困难,我们看到自然语言处理这个难题的根源就是人类语言的复杂性和语言描述的外部世界的复杂性。人类语言承担着人类表达情感、交流思想、传播知识等重要功能,因此需要具备强大的灵活性和表达能力,而理解语言所需要的知识又是无止境的。那么目前人们是如何尝试进行自然语言处理的呢?

8.1.3　自然语言处理的发展

目前,人们主要通过两种思路来进行自然语言处理,一种是基于规则的理性主义,另一种是基于统计的经验主义。理性主义方法认为,人类语言主要是由语言规则来产生和描述的,因此只要能够用适当的形式将人类语言规则表示出来,就能够理解人类语言,并实现语言之间的翻译等各种自然语言处理任务。而经验主义方法则认为,应从语言数据中获取语言统计知识,有效建立语言的统计模型,因此只要有足够多的用于统计的语言数据,就能够理解人类语言。然而,当面对现实世界中的模糊与不确定性时,这两种方法都面临着各自无法解决的问题。例如,人类语言虽然有一定的规则,但是在真实使用中往往伴随大量的噪音和不规范性。理性主义方法的一大弱点就是鲁棒性差,只要与规则稍有偏离便无法处理。而对于经验主义方法而言,又不能无限地获取语言数据进行统计学习,因此也不能够完美地理解人类语言。20 世纪 80 年代以来的趋势就是,基于语言规则的理性主义方法不断受到质疑,大规模语言数据处理成为目前和未来一段时期内自然语言处理的主要研究目标。统计学习方法越来越受到重视,自然语言处理中越来越多地使用机器自动学习的方法来获取语言知识。

步入 21 世纪,我们已经进入了以互联网为主要标志的海量信息时代,这些海量信息大部分是以自然语言表示的。一方面,海量信息为计算机学习人类语言提供了更多的"素材";另一方面,这也为自然语言处理提供了更加宽广的应用舞台。例如,作为自然语言处理的重要应用,搜索引擎逐渐成为人们获取信息的重要工具,涌现出以谷歌、百度等为代表的搜索引擎巨头;机器翻译也从实验室走入寻常百姓家,谷歌、百度等公司都提供了基于海量网络数据的机器翻译和辅助翻译工具;基于自然语言处理的中文输入法(如搜狗、微软、谷歌等)成为计算机用户的必备工具;带有语音识别的计算机和手机也正大行其道,协助用户更有效地工作和学习。总之,随着互联网的普及和海量信息的涌现,自然语言处理正在人们的日常生活中扮演着越来越重要的作用。

然而,我们面临着一个严峻事实,那就是如何有效利用海量信息已成为信息技术发展的全局性瓶颈。自然语言处理无可避免地成为信息科学技术中长期发展的一个新的战略制高点。同时,人们逐渐意识到,单纯依靠统计方法已经无法快速、有效地从海量数据中学习语言知识,只有同时充分发挥基于规则的理性主义方法和基于统计的经验主义方法的各自优势,两者互相补充,才能够更好、更快地进行自然语言处理。

自然语言处理作为一个诞生尚不足一个世纪的新兴研究领域,正在突飞猛进地发展。回顾自然语言处理的发展历程,并不是一帆风顺,有过低谷,也有过高潮。而现在我们正面临着新的挑战和机遇。例如,目前的网络搜索引擎基本上还停留在关键词匹配的层次,缺乏深层次的自然语言处理和理解。语音识别、文字识别、问答系统、机器翻译等目前也只能达到很基本的水平。"路漫漫其修远兮",自然语言处理作为一个高度交叉的新兴研究领域,不论是探究自然本质还是付诸实际应用,将来必定会有令人期待的成果和异常快速的发展。

8.2 自然语言处理的研究任务

自然语言是人类学习和生活的重要工具。自然语言是指汉语、英语等人们日常使用的语言,是随着人类社会发展自然而然的演变而来的语言,不是人造的语言。或者说,自然语言是人类社会约定俗成的,区别于人工语言,如程序设计语言。

处理包含理解、转化、生成等过程。自然语言处理是指用计算机对自然语言的形、音、义等信息进行处理,即对字(如果是英文即为字符)、词、句、段落、篇章进行输入、输出、识别、分析、理解、生成等操作和加工。实现人机间的信息交流,是人工智能界、计算机科学和语言学界所共同关注的重要问题。所以自然语言处理也被誉为人工智能的掌上明珠。可以说,自然语言处理就是要计算机理解自然语言。自然语言处理机制涉及两个流程——自然语言理解和自然语言生成。自然语言理解是指计算机能够理解自然语言文本的意义,自然语言生成则是指能以自然语言文本来表达给定的意图。

自然语言的理解和分析是一个层次化的过程,许多语言学家把这一过程分为五个层次,可以更好地体现语言本身的构成,这五个层次分别是语音分析、词法分析、句法分析、语义分析和语用分析。这五个层次之间的关系如图 8.5 所示。

图 8.5　自然语言处理的层次关系

语音分析是要根据音位规则,从语音流中区分出一个个独立的音素,再根据音位形态规则找出音节及其对应的词素或词。

词法分析是找出词汇的各个词素,从中获得语言学的信息。

句法分析是对句子和短语的结构进行分析,目的是找出词、短语等的相互关系以及各自在句中的作用。

语义分析是指运用各种机器学习方法,学习与理解一段文本所表示的语义内容。语义分析是一个非常广的概念。

语用分析是研究语言所存在的外界环境对语言使用者所产生的影响。

在自然语言处理的五个层次任务中,词法分析、句法分析、语义分析是最基础的技术。

(1) **词法分析**(Lexical Analysis):包括中文分词(Word Segmentation 或 Tokenization)和词性标注(Part-of-speech Tag)等。

* **中文分词**:处理中文(英文自带分词)的首要工作就是要将输入的字串切分为单独的词语,这一步骤称为分词;
* **词性标注**:词性标注的目的是为每一个词赋予一个类别,这个类别称为词性标记,比如名词(Noun)、动词(Verb)等。

(2) **句法分析**(Syntactic Parsing):是对输入的文本句子进行分析、得到句子的句法结构的处理过程。最常见的句法分析任务有下列几种。

* **短语结构句法分析**(Phrase-Structure Syntactic Parsing):该任务也称作成分句法分析(Constituent Syntactic Parsing),作用是识别出句子中的短语结构以及短语之间的层次句法关系;

- **依存句法分析**（Dependency Syntactic Parsing）：其作用是识别句子中词汇与词汇之间的相互依存关系；
- **深层文法句法分析**：即利用深层文法，例如词汇化树邻接文法（Lexicalized Tree Adjoining Grammar，LTAG）、词汇功能文法（Lexical Functional Grammar，LFG）、组合范畴文法（Combinatory Categorial Grammar，CCG）等，对句子进行深层的句法以及语义分析。

（3）**语义分析**（Semantic Analysis）：语义分析的最终目的是理解句子表达的真实语义。但是，语义应该采用什么表示形式一直困扰着研究者们，至今这个问题也没有一个统一的答案。语义角色标注（Semantic Role Labeling）是目前比较成熟的浅层语义分析技术。

总而言之，自然语言处理系统通常采用级联的方式，即分词、词性标注、句法分析、语义分析分别训练模型。在使用过程中，给定输入句子，逐一使用各个模块进行分析，最终得到所有结果。近年来，研究者们提出了很多有效的联合模型，将多个任务联合学习和解码，如分词词性联合、词性句法联合、分词词性句法联合、句法语义联合等，取得了不错的效果。

另一方面是自然语言处理的应用技术。这些任务往往会依赖基础技术，包括文本聚类（Text Clustering）、文本分类（Text Classification）、文本摘要（Text Abstract）、情感分析（Sentiment Analysis）、自动问答（Question Answering，QA）、机器翻译（Machine Translation，MT）、信息抽取（Information Extraction）、信息推荐（Information Recommendation）、信息检索（Information Retrieval，IR）等。因为每一个任务都涉及很多方面（图 8.6），因此这里简单总结一下这些任务。

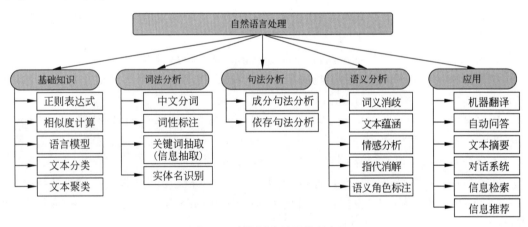

图 8.6　自然语言处理的任务

- **文本分类**：文本分类任务是根据给定文档的内容或主题，自动分配预先定义的类别标签。
- **文本聚类**：文本聚类任务根据文档之间的内容或主题相似度，将文档集合划分成若干个子集，每个子集内部的文档相似度较高，而子集之间的相似度较低。
- **文本摘要**：文本摘要任务是指通过对原文本进行压缩、提炼，为用户提供简明扼要的文字描述。
- **情感分析**：情感分析任务是指利用计算机实现对文本数据中的观点、情感、态度、情绪等的分析和挖掘。

- **自动问答**：自动问答是指利用计算机自动回答用户所提出的问题，以满足用户知识需求的任务。
- **机器翻译**：机器翻译是指利用计算机实现从一种自然语言到另一种自然语言的自动翻译。被翻译的语言称为源语言（Source Language），翻译后得到的语言称作目标语言（Target Language）。
- **信息抽取**：信息抽取是指从非结构化/半结构化文本（如网页、新闻、文献、微博等）中提取指定类型的信息（如实体、属性、关系、事件、商品记录等），并通过信息归并、冗余消除和冲突消解等手段转换为结构化信息的一项综合技术。
- **信息推荐**：信息推荐是指根据用户的习惯、偏好或兴趣，从不断输入的大规模信息中识别满足用户兴趣的信息的过程。
- **信息检索**：信息检索是指将信息按一定的方式加以组织，并查找满足用户需求的信息的过程和技术。

8.3　自然语言处理的发展历程

　　人类的日常社会活动中，语言交流是不同个体间信息交换和沟通的重要途径。因此，对机器而言，能否自然地与人类进行交流、理解人们表达的意思并做出合适的回应，被认为是衡量其智能程度的一个重要参照，自然语言处理也因此成为绕不开的议题。

　　早在 20 世纪 50 年代，随着电子计算机的诞生，出现了许多自然语言处理的任务需求，其中最典型的就是机器翻译。当时存在两派不同的自然语言处理方法：基于规则方法的符号派（理性主义）和基于概率方法的随机派（经验主义）。受限于当时的数据和算力，随机派无法发挥出全部的"功力"，使得符号派的研究略占上风。体现到翻译上，人们认为机器翻译的过程是在解读密码，试图通过查询词典来实现逐词翻译，这种方式产出的翻译效果不佳、难以实用。

　　当时的成果包括 1959 年美国宾夕法尼亚大学研制成功的 TDAP 系统（Transformation and Discourse Analysis Project，最早的、完整的英语自动剖析系统）、布朗美国英语语料库等。IBM-701 计算机进行了世界上第一次机器翻译试验，将几个简单的俄语句子翻译成了英语。此后苏联、英国、日本等国家也陆续进行了机器翻译试验。

　　1966 年，美国科学院的语言自动处理咨询委员会（ALPAC）发布了一篇题为《语言与机器》的研究报告，报告全面否定了机器翻译的可行性，认为机器翻译不足以克服现有困难、投入实用。这篇报告使此前的机器翻译热潮迅速"退烧"，许多国家开始削减在这方面的经费投入，许多相关研究被迫暂停，自然语言处理研究陷入低谷。

　　随后，研究者们痛定思痛，意识到源语言和目标语言间的差异不仅体现在词汇上，还体现在句法结构的差异上，为了提升译文的可读性，应该加强语言模型和语义分析的研究。

　　里程碑事件出现在 1976 年，加拿大蒙特利尔大学与加拿大联邦政府翻译局联合开发了名为 TAUM-METEO 的机器翻译系统，提供天气预报服务。这个系统每小时可以翻译 6～30 万个单词，每天可翻译一两千篇气象资料，并能够通过电视、报纸立即发布。在这之后，欧盟各国和日本也纷纷开始研究多语言机器翻译系统，但并未取得预期的成效。

　　到了 20 世纪 90 年代，自然语言处理进入了繁荣发展期。随着计算机的计算速度的大幅提升和存储量的大幅增加、大规模真实文本的累积产生，以及被互联网发展激发出的、以网页搜索为代表的基于自然语言的信息检索和抽取需求的出现，人们对自然语言处理的热情空前高涨。

在传统基于规则的自然语言处理技术中，人们引入了更多数据驱动的统计方法，将自然语言处理的研究推向了一个新高度。除了机器翻译之外，网页搜索、语音交互、对话机器人等领域都有自然语言处理的功劳。

2010 年以后，得益于大数据技术和浅层、深层学习技术的发展，自然语言处理的效果得到了进一步优化。机器翻译的能力进一步提升，出现了专门的智能翻译产品。对话交互能力被应用在客服机器人、智能助手等产品中。

图 8.7　IBM 公司研发的 Watson 系统参加
综艺问答节目 Jeopardy

这一时期的重要里程碑事件是 IBM 公司研发的 Watson 系统参加综艺问答节目 Jeopardy(图 8.7)。比赛中 Watson 系统没有联网，但依靠其大小为 4TB 的磁盘内 200 万页结构化和非结构化的信息，Watson 系统成功战胜人类选手，取得冠军，向世界展现了自然语言处理技术所能达到的实力。

机器翻译方面，谷歌公司推出的神经网络机器翻译(GNMT)相比传统的基于词组的机器翻译(PBMT)，英语译为西班牙语的错误率下降了 87%，英语译为中文的错误率下降了 58%，性能有了非常强劲的提升。

虽然仍有许多问题有待解决，如生僻词的翻译、漏词、重复翻译等，但不可否认神经网络机器翻译在性能上确实取得了巨大突破，未来在出境旅游、商务会议、跨国交流等场景的应用前景也十分可观。

随着互联网的普及，信息的电子化程度也日益提高。海量数据既是自然语言处理在训练过程中的"燃料"，也为其提供了广阔的发展舞台。搜索引擎、对话机器人、机器翻译，甚至高考机器人、办公智能秘书都开始在人们的日常生活中扮演越来越重要的角色。

自然语言处理是涵盖了计算机科学、语言学、心理认知学等一系列学科的一个交叉研究领域。其发展趋势是从规则到统计再到深度学习，大致经历了 5 个阶段：1956 年以前的萌芽期；1957—1970 年的快速发展期；1971—1993 年的低速发展期；1994—2008 年的复苏融合期；以及 2009 年之后的快速发展期。

1. 萌芽期(1956 年以前)

1956 年以前可以看作自然语言处理的基础研究阶段。由于来自机器翻译的社会需求，这一时期也开展了许多自然语言处理的基础研究。1948 年，Shannon 把离散马尔可夫过程的概率模型应用于描述语言的自动机。接着，他又把热力学中"熵"(entropy)的概念引入到语言处理的概率算法中。20 世纪 50 年代初，Kleene 研究了有限自动机和正则表达式。1956 年，Chomsky 又提出了上下文无关语法，并把它运用到自然语言处理中。他们的工作直接促成了基于规则和基于概率这两种自然语言处理技术的产生。而这两种不同的自然语言处理方法，又引发了数十年有关基于规则方法和基于概率方法孰优孰劣的争执。

另外，这一时期还取得了一些令人瞩目的研究成果。1946 年，Köenig 进行了关于声谱的研究；1952 年，Bell 实验室语音识别系统的研究；1956 年，人工智能的诞生为自然语言处理翻开了新的篇章。这些研究成果在此后数十年中逐步与自然语言处理中的其他技术相结合，这种结合既丰富了自然语言处理的技术手段，同时也拓宽了自然语言处理的社会应用面。

2. 快速发展期（1957—1970 年）

自然语言处理在这一时期很快融入了人工智能的研究领域中。由于有基于规则和基于概率这两种不同方法的存在，自然语言处理的研究在这一时期分为了两大阵营。一个是基于规则方法的符号派（symbolic），另一个是采用概率方法的随机派（stochastic）。

这一时期，两种方法的研究都取得了长足的进展。从 20 世纪 50 年代中期开始到 20 世纪 60 年代中期，以 Chomsky 为代表的符号派学者开始了形式语言理论和生成句法的研究，20 世纪 60 年代末又进行了形式逻辑系统的研究。而随机派学者采用基于贝叶斯方法的统计学研究方法，在这一时期也取得了很大的进步。但由于在人工智能领域中，这一时期多数学者注重研究推理和逻辑问题，只有少数来自统计学专业和电子专业的学者在研究基于概率的统计方法和神经网络，所以，在这一时期，基于规则方法的研究势头明显强于基于概率方法的研究。这一时期的重要研究成果包括 1959 年宾夕法尼亚大学研制成功的 TDAP 系统、布朗美国英语语料库等。1967 年，美国心理学家 Neisser 提出了认知心理学的概念，直接把自然语言处理与人类的认知联系起来。

3. 低速发展期（1971—1993 年）

自然语言处理在这一低谷时期同样取得了一些成果。20 世纪 70 年代，基于隐马尔可夫模型（Hidden Markov Model，HMM）的统计方法在语音识别领域获得成功。20 世纪 80 年代初，话语分析（Discourse Analysis）也取得了重大进展。之后，由于自然语言处理研究者对于过去的研究进行了反思，有限状态模型和经验主义研究方法也开始复苏。

4. 复苏融合期（1994—2008 年）

20 世纪 90 年代中期以后，有两件事从根本上促进了自然语言处理研究的复苏与发展。一件事是 20 世纪 90 年代中期以来，计算机的处理速度大幅提升，存储量大幅增加，为自然语言处理改善了物质基础，使得语音和语言处理的商品化开发成为可能；另一件事是自1994 年起的 Internet 商业化和同期网络技术的发展使得人们对基于自然语言的信息检索和信息抽取的需求变得更加凸显。

5. 快速发展期（2009 年至今）

进入 21 世纪以后，自然语言处理又有了突飞猛进的变化。特别是以 Hinton 为首的几位科学家历经近 20 年的努力，终于成功设计出第一个多层神经网络算法（深度学习），这是一种将原始数据通过一些简单但非线性的模型转变成更高层次、更加抽象的表达的特征学习方法，一定程度上解决了人类处理"抽象概念"这个亘古难题。目前，深度学习在机器翻译、问答系统等多个自然语言处理任务中均取得了不错的效果，相关技术也被成功应用于商业化平台中。近年来，深度学习在自然语言处理领域发挥着越来越重要的作用。下面列举2000 年之后自然语言处理领域的 8 个里程碑事件（自 2009 年起深度学习与自然语言相结合）。

1）2001 年：神经语言模型

语言模型解决的是在给定已出现单词的文本中预测下一个单词的任务。这可以算是最简单的语言处理任务，但却有许多具体的实际应用，例如智能键盘、电子邮件回复建议等。

当然,语言模型的历史由来已久,经典的方法基于 N-Grams 模型(利用前面 N 个单词预测下一个单词),并利用平滑操作处理不可见的 N-Grams。

第一个神经语言模型,前馈神经网络(Feed-Forward Neural Network),是 Bengio 等人于 2001 年提出的。以在某单词之前出现的 N 个单词作为输入向量,如今这样的向量被称为大家熟知的词嵌入(Word Embedding)。这些单词嵌入被连接并反馈到隐藏层,然后将其输出,提供给 Softmax 层,如图 8.8 所示。

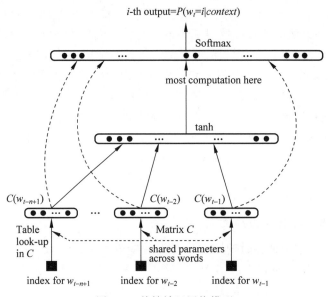

图 8.8 前馈神经网络模型

2) 2008 年:多任务学习(Multi-Task Learning)

多任务学习是在多个任务下训练的模型之间共享参数的方法,在神经网络中可以通过捆绑不同层的权重轻松实现。多任务学习的思想在 1993 年由 Rich Caruana 首次提出,并应用于道路追踪和肺炎预测。多任务学习鼓励模型学习对多个任务有效的表征描述。这对于学习一般的、低级的描述形式,集中模型的注意力或训练数据有限的情况下特别有用。

多任务学习于 2008 年被 Collobert 和 Weston 等人首次在自然语言处理领域应用于神经网络。在他们的模型中,单词嵌入矩阵被两个在不同任务下训练的模型共享,如图 8.9 所示。

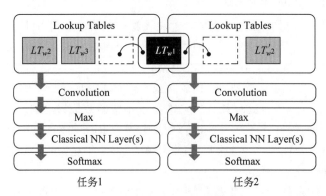

图 8.9 单词嵌入矩阵的共享

3）2013 年：单词嵌入

单词嵌入在 2001 年首次出现，而 Mikolov 等人在 2013 年做出的主要创新是通过删除隐藏层和近似目标来使这些单词嵌入的训练更有效。虽然这些变化本质上很简单，但它们与高效的 word2vec（word to vector，用来产生词向量的相关模型）组合在一起，使得大规模的单词嵌入模型训练成为可能。word2vec 有两个重要模型 CBOW（Continuous Bag-Of-Words）和 Skip-gram，其架构如图 8.10 所示。

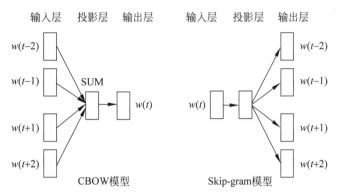

图 8.10 CBOW 和 Skip-gram 模型架构

虽然这些嵌入在概念上与使用前馈神经网络学习的嵌入在概念上没有区别，但是在一个规模非常大的语料库上训练之后，它们就能够捕获诸如性别、动词时态和"国家-首都"关系等单词之间的特定关系，如图 8.11 所示。

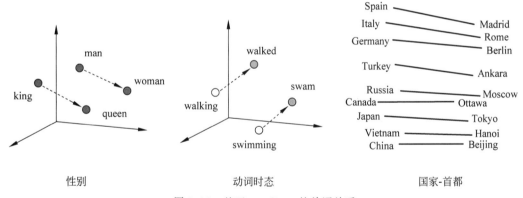

图 8.11 基于 word2vec 的单词关系

4）2013 年：用于自然语言处理的神经网络

2013 年是自然语言处理领域神经网络时代的开始。其中三种类型的神经网络应用最为广泛：循环神经网络（Recurrent Neural Networks）、卷积神经网络（Convolutional Neural Networks）和结构递归神经网络（Recursive Neural Networks）。

5）2014 年：序列到序列模型

2014 年，Sutskever 等人提出了序列到序列（sequence-to-sequence）模型，即使用神经网络将一个序列映射到另一个序列的一般化框架。在这个框架中，一个作为编码器的神经网络对句子符号进行处理，并将其压缩成向量表示；然后，一个作为解码器的神经网络根据编码器的状态逐个预测输出符号,并将前一个预测得到的输出符号作为预测下一个输出符号的输入,如图 8.12 所示。

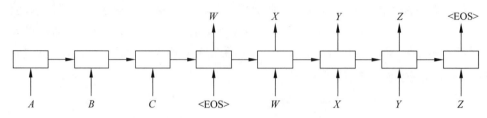

图 8.12　sequence-to-sequence 模型

6) 2015 年:注意力机制

注意力机制(Attention)是神经网络机器翻译(NMT)的核心创新之一,也是使 NMT 模型优于基于经典短语的机器翻译系统的关键思想。序列到序列模型的主要瓶颈是它需要将源序列的整个内容压缩成固定大小的矢量,注意力机制通过允许解码器回顾源序列隐藏状态来减轻这种负担,然后将其作为加权平均值提供给解码器的附加输入。

7) 2015 年:基于记忆的神经网络

注意力机制可以视为模糊记忆的一种形式,其记忆的内容包括模型之前的隐藏状态,由模型选择从记忆中检索哪些内容。与此同时,更多具有明确记忆单元的模型被提出。它们有很多种不同的变化形式,比如神经图灵机(Neural Turing Machines)、记忆网络(Memory Network)、端到端的记忆网络(End-to-end Memory Networks)、动态记忆网络(Dynamic Memory Networks)、神经可微计算机(Neural Differentiable Computer)、循环实体网络(Recurrent Entity Network)等。

8) 2018:预训练的语言模型

预训练的语言模型于 2015 年被首次提出,但直到近几年它才被证明在大量不同类型的任务中均十分有效。语言模型嵌入可以作为目标模型中的特征,或者根据具体任务进行调整。语言模型嵌入使许多任务的效果有了巨大的改进。

(1) 从单词嵌入到 ELMO。

ELMO 是 Embedding from Language MOdels 的简称,它采用根据当前上下文对单词嵌入动态调整的思路。ELMO 采用典型的两阶段过程,第一个阶段是利用语言模型进行预训练;第二个阶段是在做下游任务时,从预训练网络中提取对应单词的网络各层的单词嵌入,作为新特征补充到下游任务中。ELMO 使用双向循环神经网络,包含一个正向的和一个反向的 LSTM(Long Short-Term Memory,长短期记忆网络,一种特定形式的循环神经网络),如图 8.13 所示。

(2) 从单词嵌入到 GPT。

GPT 是 Generative Pre-Training 的简称,也采用两阶段过程,第一个阶段利用语言模型进行预训练,第二个阶段通过 Fine-tuning 模式解决下游任务。GPT 在特征抽取器上使用的不是循环神经网络,而是 Transformer;另外,GPT 的预训练虽然仍然是以语言模型作为目标任务,但是采用的是单向的语言模型。GPT 模型如图 8.14 所示(图中 Trm 为 Transformer 的简写)。

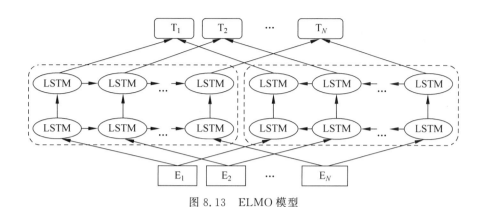

图 8.13 ELMO 模型

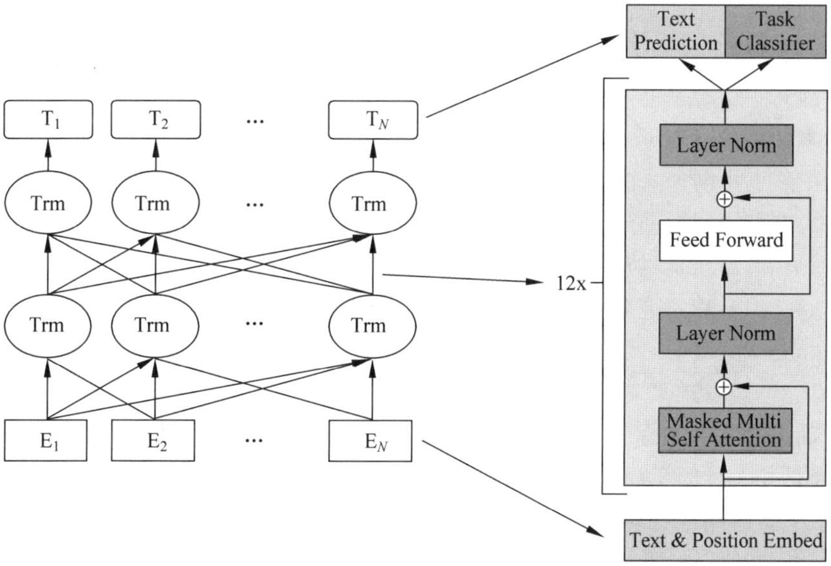

图 8.14 GPT 模型

（3）BERT。

2018 年 10 月底，谷歌公司发布了当前最强的自然语言模型 BERT（Bidirectional Encoder Representations from Transformers），其在 11 个各种类型的自然语言处理任务中达到了目前最好的效果，且某些任务的性能有极大的提升。BERT 模型最关键的两点是：一是特征抽取器采用 Transformer，二是预训练的时候采用双向语言模型。BERT 模型进一步增强了词向量模型的泛化能力，可以充分描述字符级、词级、句级甚至句间关系的特征。BERT 模型如图 8.15 所示（图中 Trm 为 Transformer 的简写）。

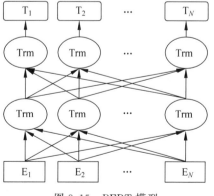

图 8.15 BERT 模型

8.4　自然语言处理经典应用解析——计算网页排名

本节讲解如何利用 TF-IDF 算法和余弦相似性计算网页的相关性,这是搜索引擎计算网页综合排名的关键步骤。

1. 利用 TF-IDF 算法找出关键词(如 20 个)

在自然语言处理中,这一步叫作特征选择。

假设一篇文章的标题为"原子能的应用",有三个关键词:原子能、的、应用。你认为哪个关键词比较重要呢?

根据我们的直觉可以知道,这三个词出现得多的网页应该比出现得少的网页更相关。当然,这个办法有一个明显的漏洞,就是内容多的网页比内容少的网页更有优势,因为内容多的网页总的来讲包含的关键词要多些。因此我们需要根据网页内容的多少对关键词出现的次数进行归一化,也就是用关键词的次数除以网页的总字数,得到的商称为"关键词频率"或者"单文本词汇频率"(Term Frequency)。

例如,在某个共包含 1000 个词的网页中,"原子能"、"的"和"应用"分别出现了 2 次、35 次和 5 次,那么它们的词频就分别是 0.002、0.035 和 0.005。将这三个数相加,其和 0.042 就是对相应网页和"原子能的应用"相关性的一个简单的度量。概括地讲,如果一个查询包含关键词 W_1、W_2、$\cdots$、W_n,它们在一篇特定网页中的词频分别是 TF_1、TF_2、$\cdots$、TF_n(TF 即 Term Frequency 的缩写),那么,这个查询和该网页的相关性就是 $TF_1 + TF_2 + \cdots + TF_n$。

读者可能已经发现了又一个漏洞。在上面的例子中,"的"这个词占了总词频的 80% 以上,而它对确定网页的主题几乎没有作用。我们称这种词为"应删除词"(Stop Words),也就是说在度量相关性时不应考虑它们的频率。在汉语中,应删除词还有"是""和""中""地""得"等几十个。忽略这些应删除词后,上述网页的相似度就变成了 0.007,其中"原子能"贡献了 0.002,"应用"贡献了 0.005。

细心的读者可能还会发现另一个小漏洞。在汉语中,"应用"是个很通用的词,而"原子能"是个很专业的词,后者在相关性排名中比前者重要。因此,我们需要给汉语中的每一个词赋一个权重,这个权重的设定必须满足下面两个条件。

(1) 一个词预测主题的能力越强,权重就越大,反之,权重就越小。

我们在网页中看到"原子能"这个词,能或多或少地了解网页的主题。我们看到"应用"一词,对主题基本上还是一无所知。因此,"原子能"的权重就应该比"应用"大。

(2) 应删除词的权重应该是零。

我们很容易发现,如果一个关键词只在很少的网页中出现,我们通过它就容易锁定搜索目标,它的权重也就应该大。反之,如果一个词在大量网页中出现,我们看到它仍然不是很清楚要找什么内容,它的权重就应该小。概括地讲,假定一个关键词 w 在 D_w 个网页中出现过,那么 D_w 越大,w 的权重越小,反之亦然。在信息检索中,使用最多的权重是"逆文本频率指数"(Inverse document frequency,IDF),它的计算公式为 $\ln(D/D_w)$,其中 D 是全部网页数。比如,假定中文网页数是 $D = 10^9$,应删除词"的"在所有的网页中都出现,即 $D_w = 10^9$,那么它的 $IDF = \ln(10^9/10^9) = \ln 1 = 0$。又如,专用词"原子能"在两百万个网页中出现,

即 $D_w = 2 \times 10^6$，则它的 IDF $= \ln 500 \approx 6.2$。又假定通用词"应用"出现在 5 亿个网页中，则它的 IDF $= \ln 2 \approx 0.7$。也就是说，在网页中找到一个"原子能"的匹配相当于找到 9 个"应用"的匹配。利用 IDF，上述相关性计算公式就由词频的简单求和变成了加权求和，即 $\text{TF}_1 \cdot \text{IDF}_1 + \text{TF}_2 \cdot \text{IDF}_2 + \cdots + \text{TF}_n \cdot \text{IDF}_n$。

在上面的例子中，该网页和"原子能的应用"的相关性为 0.0161，其中"原子能"贡献了 0.0126（$\ln 500 \times 0.002$），而"应用"只贡献了 0.0035（$\ln 2 \times 0.005$）。这个比例和我们的直觉比较一致。

TF-IDF 的概念被公认为信息检索中最重要的发明，在搜索、文献分类和其他相关领域有广泛的应用。

现在的搜索引擎对 TF-IDF 进行了不少细微的优化，使得相关性的度量更加准确。当然，对有兴趣写一个搜索引擎的爱好者来讲，使用 TF-IDF 就足够了。如果再结合网页排名（PageRank），那么给定一个查询，有关网页的综合排名大致由网页的相关性和网页排名的乘积决定。关于网页排名，由于篇幅所限，这里不做介绍，感兴趣的读者可自行查阅资料。下面介绍如何利用余弦计算网页相关性。

2. 利用余弦计算文章的相似度

有时候，除了找到关键词，我们还希望找到与原文章相似的其他文章。例如，"百度新闻"在主新闻下方还提供多条相似的新闻，如图 8.16 所示。

北京气象专家解释"泥雪"：长期无降水空气脏
金羊网 - 4小时前
两人合撑一把伞在雨中打车。昨天，京城迎来一场雨夹雪。记者陶甸摄。今天是春分节气，时中到大雪，而平原地区由于气温原因以雨夹雪为主。截至昨晚8点，城区 …

凤凰网　　　搜狐　　　每日甘肃　　　搜狐　　　腾讯网　　　北国网

北京暴雪清污染京城三月飘雪好预兆【组图】
www.591hx.com - 3小时前

飞雪迎春袭北京京城今晨或现"堵城"
大洋网 - 3小时前

北京普降瑞雪银装素裹树挂景观成春日美景
艾拉家居网 - 7小时前

延庆迎春雪城区下泥雪专家称系内蒙古沙尘被卷来
凤凰网 - 9小时前

昨夜北京普降大雪道路结冰早高峰注意出行安全
张家界在线 - 11小时前

北京春分降雪空气净化专家称三月下雪很正常
腾讯网 - 11小时前

图 8.16　新闻推荐

为了找出相似的文章，需要用到"余弦相似性（Cosine Similarity）"。下面举例说明什么是余弦相似性。

为了简单起见，先从句子着手。

句子 A：我喜欢看电视，不喜欢看电影。

句子 B：我不喜欢看电视，也不喜欢看电影。

怎样才能计算上面两句话的相似程度？基本思路是：这两句话的用词越相似，它们的内容就应该越相似。因此,可以从词频入手,计算它们的相似程度。

第一步,分词。

句子 A:我/喜欢/看/电视,不/喜欢/看/电影。

句子 B:我/不/喜欢/看/电视,也/不/喜欢/看/电影。

第二步,列出所有的词。

我,喜欢,看,电视,电影,不,也。

第三步,计算词频。

句子 A:我 1,喜欢 2,看 2,电视 1,电影 1,不 1,也 0。

句子 B:我 1,喜欢 2,看 2,电视 1,电影 1,不 2,也 1。

第四步,写出词频向量。

句子 A:[1, 2, 2, 1, 1, 1, 0]

句子 B:[1, 2, 2, 1, 1, 2, 1]

到这里,问题就变成了如何计算这两个向量的相似程度。我们可以把它们想象成空间中的两条线段,都是从原点([0, 0, …])出发,指向不同的方向。两条线段之间形成一个夹角,如果夹角为 0°,意味着方向相同、线段重合;如果夹角为 90°,意味着形成直角,方向完全不相似;如果夹角为 180°,意味着方向正好相反。因此,我们可以通过夹角的大小来判断向量的相似程度,夹角越小,就代表越相似。

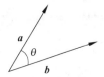

以二维空间为例,上图中 a 和 b 是两个向量,我们要计算它们的夹角 θ。根据余弦定理,可以用下面的公式求得:

$$\cos\theta = \frac{a^2 + b^2 - c^2}{2ab}$$

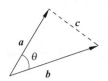

假定 a 向量是 $[x_1, y_1]$,b 向量是 $[x_2, y_2]$,那么可以将余弦定理改写成下面的形式:

$$\cos\theta = \frac{x_1 x_2 + y_1 y_2}{\sqrt{x_1^2 + y_1^2} \cdot \sqrt{x_2^2 + y_2^2}}$$

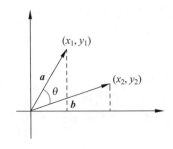

数学家已经证明,余弦的这种计算方法对 n 维向量也成立。假定 $\boldsymbol{A}$ 和 $\boldsymbol{B}$ 是两个 n 维向量,$\boldsymbol{A}$ 是 $[A_1,A_2,\cdots,A_n]$,$\boldsymbol{B}$ 是 $[B_1,B_2,\cdots,B_n]$,则 $\boldsymbol{A}$ 与 $\boldsymbol{B}$ 的夹角 θ 的余弦如下:

$$\cos\theta = \frac{\sum_{i=1}^{n}A_iB_i}{\sum_{i=1}^{n}A_i^2 \cdot \sum_{i=1}^{n}B_i^2}$$

$$= \frac{\boldsymbol{A} \cdot \boldsymbol{B}}{|\boldsymbol{A}| \cdot |\boldsymbol{B}|}$$

使用这个公式,我们就可以得到句子 A 与句子 B 的词频向量夹角的余弦如下:

$$\cos\theta = \frac{1\times1+2\times2+2\times2+1\times1+1\times1+1\times2+0\times1}{\sqrt{1^2+2^2+2^2+1^2+1^2+1^2+0^2} \times \sqrt{1^2+2^2+2^2+1^2+1^2+2^2+1^2}}$$

$$= \frac{13}{\sqrt{12}\times\sqrt{16}}$$

$$= 0.938$$

余弦值越接近 1,就表明夹角越接近 $0°$,也就是两个向量越相似,这就叫作"余弦相似性"。所以,上面的句子 A 和句子 B 是很相似的,事实上它们的夹角大约为 $20.3°$。

由此就得到了"找出相似文章"的一种算法:

(1) 使用 TF-IDF 算法,找出两篇文章的关键词;

(2) 每篇文章各取出若干个关键词(比如 20 个),合并成一个集合,对于每篇文章,计算这个集合中的各词的词频(考虑到文章长度的差异,可以使用相对词频);

(3) 生成两篇文章各自的词频向量;

(4) 计算两个向量的余弦相似性,值越大就表示文章越相似。

8.5　自然语言处理与人工智能

自然语言是人类文明传承和日常交流所使用的语言。狭义的自然语言处理是使用计算机来完成以自然语言为载体的、以非结构化信息为对象的各类信息处理任务,比如文本的理解、文本分类、文本摘要、信息抽取、知识问答、自然语言生成等。进一步延展场景,广义的自然语言处理技术也包含自然语言的非数字形态(如语音、文字、手语等)与数字形态之间的双向转换(识别与合成)。

鉴于自然语言丰富地表现了人类的认知、情感和意志,潜在地使用了大量常识和大数据,自身在算法和模型上也多采用各种启发式线索,目前一般均把自然语言处理作为人工智能的一个分支。近年来人工智能领域取得了突破性进展,人工智能应用受到各行各业的热切期待,自然语言处理技术也水涨船高,受到普遍重视,可以说,自然语言处理描绘了人工智能更美好的"诗和远方"。

自然语言处理作为人工智能的一个分支,其源头和人工智能一样,都出自于计算机科学的祖师爷级人物——阿兰·图灵。他在提出图灵测试的时候,就把使用自然语言与人进行对话时可以乱真的能力作为判别一个机器系统有无智能的标准。在图灵的时代,让机器"善解人意"是人工智能的"诗与远方",在当时的技术条件下还看不到实现的希望。

随着机器学习技术的发展,特别是深度学习技术以摧枯拉朽之势横扫语音、图像识别和浅层自然语言处理等各类任务,知识图谱技术为语义知识处理走向各行各业做好了技术栈和工具箱的铺垫,人工智能强势的"王者归来"已经不可阻挡,自然语言处理技术也自然成为了这"王者"头上的"王冠"。这是因为语音和图像识别大局已定。自然语言处理已经成为一种应用赋能技术,随着实体知识库的构建、知识抽取和自动写作在特定领域的实用化,以及对话机器人从对接语料到对接知识图谱的换代,自然语言处理正通过新一代人工智能创新创业团队,全面渗透到人工智能应用的各个角落。当前,自然语言处理正面临着从浅层到深层的范式转换,还处在对接情感计算与常识计算的战略性位置,谁能拔得头筹,谁就能在当下的人工智能"军备竞赛"中处于有利地位。

自然语言处理技术的应用场景十分广泛,大致可分为分析型、生成型和交互型三类。舆情监控系统是典型的分析型系统;自动写作系统是典型的生成型系统;形形色色的聊天机器人则是典型的交互型系统。

自然语言处理能力以平台化方式提供服务,是广大自然语言处理技术提供者求之不得的事情,但目前还受到一些因素的限制。现实中,自然语言处理技术大多融合于一个更大的行业应用场景中,作为其中一项核心技术来发挥自己的作用。

除了法律、医疗、教育等行业之外,金融证券行业对自然语言处理技术也有很迫切的落地需求,但往往必须结合专业领域知识和私有数据才能构建有价值的场景。

目前,行业技术提供商、互联网巨头和人工智能初创企业都在进入这个领域。硝烟滚滚,磨刀霍霍,以自然语言处理技术为题材的一场好戏已经开场。

参考文献

[1]　如何向文科同学科普自然语言处理(NLP)[EB/OL].(2015-02-17)[2020-05-29].https://www.zhihu.com/question/28225747.

[2]　打不死的小强.一文看懂自然语言处理——NLP[EB/OL].(2020-05-12)[2020-05-29].https://easyai.tech/ai-definition/nlp/.

[3]　俞士汶.自然语言处理与自然语言理解[EB/OL].(2009-03-11)[2020-05-29].http://image.sciencenet.cn/olddata/kexue.com.cn/upload/blog/file/2009/3/2009312144424575717.pdf.

[4]　阮一峰.TF-IDF与余弦相似性的应用(二):找出相似文章[EB/OL].(2013-03-21)[2020-05-29].http://www.ruanyifeng.com/blog/2013/03/cosine_similarity.html.

[5]　张俊林.从 Word Embedding 到 Bert 模型——自然语言处理中的预训练技术发展史[EB/OL].(2018-11-25)[2020-05-29].https://zhuanlan.zhihu.com/p/49271699.

扩展阅读

[1]　吴军.数学之美[M].2 版.北京:人民邮电出版社,2014.

[2]　我爱自然语言处理[EB/OL].[2020-05-30].http://www.52nlp.cn/.

[3]　李维.立委科普:NLP 联络图(之一)[EB/OL].(2012-11-06)[2020-05-30].http://blog.sciencenet.cn/blog-362400-629730.html.

[4] 自然语言处理背后的数据科学[EB/OL]. (2019-04-19)[2020-05-30]. https://www.leiphone.com/news/201904/6MKtxW8mEozVlymv.html.

[5] 科普文：自然语言处理到底是干嘛的[EB/OL]. (2014-03-14)[2020-05-30]. http://www.voidcn.com/article/p-mdyudwfj-hk.html.

习题 8

一、单项选择题

1. 人工智能的分类不包括(　　)。

  A. 计算机视觉　　　　　　　　　B. 自然语言理解

  C. 广泛外延　　　　　　　　　　D. 认知与推理

2. (　　)是人以自然语言同计算机进行交互的综合性技术,结合了语言学、心理学、工程、计算机等领域的知识。

  A. 语音交互　　　　B. 情感交互　　　　C. 体感交互　　　　D. 脑机交互

3. 自然语言理解是人工智能的重要应用领域,下面列举的(　　)不是它要实现的目标。

  A. 理解别人讲的话

  B. 对自然语言表示的信息进行分析、概括或编辑

  C. 自动程序设计

  D. 机器翻译

4. 因为文本数据在可用的数据中是非常无结构的,内部包含很多不同类型的噪声,所以要进行数据预处理。以下不属于自然语言数据预处理过程的是(　　)。

  A. 词汇规范化　　　　　　　　　B. 词汇关系统一化

  C. 对象标准化　　　　　　　　　D. 噪声移除

5. 在大规模的语料中,挖掘词的相关性是一个重要的问题。以下(　　)不能用于确定两个词的相关性。

  A. 互信息　　　　B. 最大熵　　　　C. 卡方检验　　　　D. 最大似然比

6. 在统计语言模型中,通常以概率的形式描述任意语句的可能性,利用最大相似度估计进行度量。对于一些低频词,无论如何扩大训练数据,出现的频度仍然很低,下列(　　)可以解决这一问题。

  A. 一元切分　　　　B. 一元文法　　　　C. 数据平滑　　　　D. N 元文法

二、多项选择题

1. 下列技术中(　　)与中文分词有关。

  A. 词语消歧　　　　B. 未登录词识别　　　　C. 词性标注　　　　D. 关系识别

2. 关于 word2vec,下列说法中(　　)是正确的。

  A. word2vec 是无监督学习

  B. word2vec 利用当前特征词的上下文信息实现词向量编码,是语言模型的副产品

  C. word2vec 能够表示词汇之间的语义相关性

  D. word2vec 没有使用完全的深度神经网络模型

3. 命名实体识别是指出文本中的人名、地名等专有名词和时间等,又分为有监督的命名实体识别和无监督的命名实体识别。下列选项中( )属于有监督的学习方法。

A. 字典法 B. 决策树

C. 隐马尔可夫模型 D. 支持向量机

三、判断题

1. 自然语言是人造语言,是一种为某些特定目的而创造的语言。( )

2. 自动问答系统(Question Answering System,QA)是信息检索系统的一种高级形式,它能用准确、简洁的自然语言回答用户用自然语言提出的问题,其研究兴起的主要原因是人们对快速、准确地获取信息的需求。( )

3. 知识图谱中的三元组遵从一种三阶谓词逻辑的表达形式。( )

4. 逻辑回归是一个回归模型。( )

四、简答题

1. 简述什么是自然语言处理,以及自然语言处理的主要研究内容。

2. 在人工智能领域,自然语言处理研究的难点有哪些?

3. 自然语言处理的常用研究思路是什么? 其面临的发展瓶颈有哪些?

4. 简述自然语言处理的发展历程。

附录A

遗传算法的MATLAB程序示例

```
% 主函数,用遗传算法求函数 y = x. * sin(10 * pi * x) + 2 在[ - 1,2]上的最大值
clear all, close all
bn = 22;                              % 个体串长度
inn = 50;                             % 初始种群大小
gnmax = 199;                          % 最大代数
pc = 0.9;                             % 交叉概率
pm = 0.02;                            % 变异概率
s = round(rand(inn,bn));              % 随机产生初始种群
% 计算适应度,返回适应度 f 和累积概率 p
[f,p] = objf(s);
gn = 1;
while gn < gnmax + 1
    for j = 1:2:inn
        seln = sel(s,p);             % 选择操作
        scro = cro(s,seln,pc);       % 交叉操作
        scnew(j,:) = scro(1,:);
        scnew(j + 1,:) = scro(2,:);
        smnew(j,:) = mut(scnew(j,:),pm);    % 变异操作
        smnew(j + 1,:) = mut(scnew(j + 1,:),pm);
    end
    s = smnew;                        % 产生新的种群
    [f,p] = objf(s);                  % 计算新种群的适应度
    % 记录当前代最好和平均的适应度
    [fmax,nmax] = max(f);
    fmean = mean(f);
    ymax(gn) = fmax;
    ymean(gn) = fmean;
    % 记录当前代的最佳个体
    x = n2to10(s(nmax,:));
    xx = - 1.0 + x * 3/(power(2,bn) - 1);
    xmax(gn) = xx;
```

```
            gn = gn + 1
     end
     gn = gn - 1;
     % 绘制曲线
     subplot(2,1,1);
     plot(1:gn,[ymax;ymean]);
     title('历代适应度变化','fontsize',10);
     legend('最大适应度','平均适应度');
     string1 = ['最终适应度',num2str(ymax(gn))];
     gtext(string1); subplot(2,1,2); plot(1:gn,xmax,'r - '); legend('自变量');
     string2 = ['最终自变量',num2str(xmax(gn))]; gtext(string2);
     % 相关子函数
     % 计算适应度函数 objf
     function [f,p] = objf(s);
     r = size(s);                          % 读取种群大小
     inn = r(1);                           % 有 inn 个个体
     bn = r(2);                            % 个体长度为 bn
     for i = 1:inn
         x = n2to10(s(i,:));               % 将二进制转换为十进制
         xx = - 1.0 + x * 3/(power(2,bn) - 1);   % 转换为[ - 1,2]区间内的实数
         f(i) = ft(xx);                    % 计算函数值,即适应度
     end
     f = f';
     % 计算选择概率
     fsum = 0;
     for i = 1:inn
         fsum = fsum + f(i) * f(i);
     end
     for i = 1:inn
         ps(i) = f(i) * f(i)/fsum;
     end
     % 计算累积概率
     p(1) = ps(1);
     for i = 2:inn
         p(i) = p(i - 1) + ps(i);
     end
     p = p';
     % 二进制到十进制的转换函数 n2to10
     function x = n2to10(Population);
     BitLength = size(Population,2);
     x = Population(BitLength);
     for i = 1:BitLength - 1
         x = x + Population(BitLength - i) * power(2,i);
     end
     % 目标函数 ft
     function y = ft(x);
     y = x. * sin(10 * pi * x) + 2;
     % 选择操作 sel
     function seln = sel(s,p);
     inn = size(p,1);
     % 从种群中选择两个个体
```

```
for i = 1:2
    r = rand;                        % 产生一个随机数
    prand = p - r;
    j = 1;
    while prand(j)< 0
        j = j + 1;
    end
    seln(i) = j;                     % 选中个体的序号
end
% 交叉操作 cro
function scro = cro(s,seln,pc);
r = size(s);
inn = r(1);
bn = r(2);
pcc = pro(pc);  % 根据交叉概率决定是否进行交叉操作,1 表示是,0 表示否
if pcc == 1
    chb = round(rand * (bn - 2)) + 1;  % 在[1,bn-1]范围内随机产生一个交叉位
    scro(1,:) = [s(seln(1),1:chb) s(seln(2),chb + 1:bn)];
    scro(2,:) = [s(seln(2),1:chb) s(seln(1),chb + 1:bn)];
else
    scro(1,:) = s(seln(1),:);
    scro(2,:) = s(seln(2),:);
end
% 子函数 pro: 判断遗传运算是否需要进行交叉或变异
function pcc = pro(mutORcro);
test(1:100) = 0;
l = round(100 * mutORcro);
test(1:l) = 1;
n = round(rand * 99) + 1;
pcc = test(n);
% 变异操作 mut
function snnew = mut(snew,pm);
r = size(snew);
bn = r(2);
snnew = snew;
pmm = pro(pm);  % 根据变异概率决定是否进行变异操作,1 表示是,0 表示否
if pmm == 1
    chb = round(rand * (bn - 1)) + 1;  % 在[1,bn]范围内随机产生一个变异位
    snnew(chb) = abs(snew(chb) - 1);
end
```

另外,还可以调用 MATLAB 工具箱中的遗传算法函数来解决全局寻优问题。此处基于 MATLAB 自带的遗传算法与直接搜索工具箱(Genetic Algorithm and Direct Search Toolbox)优化目标函数,其中有两个核心函数 ga 和 gaoptimset。使用方法如下:使用 M 文件进行程序设计;或者在命令窗口输入 gatool 指令,然后在弹出的窗口中输入相关参数即可。

函数 ga 实现的功能为对目标函数进行遗传运算,其调用的格式为:

[x,fval,reason] = ga(@fitnessfun,nvars,options);

其中,x 为经过遗传进化后自变量最佳染色体的返回值；fval 为最佳染色体的适应度；reason 为算法终止的原因；@fitnessfun 为适应度函数；nvars 为目标函数自变量的个数；options 为算法的属性设置,该属性是通过函数 gaoptimset 赋予的。

函数 gaoptimset 的调用格式为：

```
options = gaoptimset('PropertyName1','PropertyValue1','PropertyName2','PropertyValue2',
'PropertyName3','PropertyValue3'...)
```

注意,遗传算法和直接搜索工具箱的缺点是遗传算法的指令和参数被过度封装,尽管可以方便地调用,但是不够灵活,整个程序几乎不需要设计。

附录B

 粒子群算法的MATLAB程序示例

```
clear all, close all, clc
E0 = 0.001;                              % 允许误差
MaxNum = 100;                            % 粒子最大迭代次数
narvs = 1;                               % 目标函数的自变量个数
particlesize = 50;                       % 粒子群规模
c1 = 2;                                  % 每个粒子的个体学习因子,也称为加速常数
c2 = 2;                                  % 每个粒子的社会学习因子,也称为加速常数
w = 0.6;                                 % 惯性因子
vmax = 0.8;                              % 粒子的最大飞翔速度
x = -5 + 10 * rand(particlesize,narvs);  % 粒子所在的位置
v = 2 * rand(particlesize,narvs);        % 粒子的飞翔速度
% 目标函数是: y = 2.2 * (1 - x + 2 * x.^2). * exp( - x.^2/2))
for i = 1:particlesize
    for j = 1:narvs
        f(i) = fitness(x(i,j));
    end
end
personalbest_x = x;
personalbest_faval = f;
[globalbest_faval i] = min(personalbest_faval);
globalbest_x = personalbest_x(i,:);
k = 1;
while k < = MaxNum
    for i = 1:particlesize
        for j = 1:narvs
            f(i) = fitness(x(i,j));
        end
        if f(i) < personalbest_faval(i)  % 判断当前位置是否是历史上最佳位置
            personalbest_faval(i) = f(i);
            personalbest_x(i,:) = x(i,:);
        end
```

```
        end
        [globalbest_faval i] = min(personalbest_faval);
        globalbest_x = personalbest_x(i,:);
        for i = 1:particlesize                    % 更新粒子群里每个个体的最新位置
            v(i,:) = w * v(i,:) + c1 * rand * (personalbest_x(i,:) - x(i,:))...
                + c2 * rand * (globalbest_x - x(i,:));
            for j = 1:narvs
                if v(i,j) > vmax;                 % 判断粒子的飞翔速度是否超过了最大飞翔速度
                    v(i,j) = vmax;
                elseif v(i,j) < - vmax;
                    v(i,j) = - vmax;
                end
            end
            x(i,:) = x(i,:) + v(i,:);
        end
        if abs(globalbest_faval) < E0, break, end
        k = k + 1;
    end
    Value1 = 1/globalbest_faval; Value1 = num2str(Value1);
    % strcat 指令可以实现字符的组合输出
    disp(strcat('the maximum value',' = ',Value1));
    % 输出最大值所在的横坐标位置
    Value2 = globalbest_x; Value2 = num2str(Value2);
    disp(strcat('the corresponding coordinate',' = ',Value2));
    x = - 5:0.01:5;
    y = 2.2 * (1 - x + 2 * x.^2). * exp( - x.^2/2);
    plot(x,y,'m - ','linewidth',3);
    hold on;
    plot(globalbest_x,1/globalbest_faval,'s','linewidth',4);
    legend('目标函数','搜索到的最大值');xlabel('x');ylabel('y');grid on;
    % 子函数
    function y = fitness(x)
    y = 1/(2.2 * (1 - x + 2 * x^2) * exp( - x^2/2));
```

附录C

蚁群算法的MATLAB程序示例

```matlab
clear all, close all, clc
% 导入数据
load citys_data.mat
% 计算城市间的距离
n = size(citys,1); D = zeros(n,n);
for i = 1:n
    for j = 1:n
        if i ～= j
            D(i,j) = sqrt(sum((citys(i,:) - citys(j,:)).^2));
        else
            D(i,j) = 1e-4;
        end
    end
end
% 初始化参数
m = 50;                      % 蚂蚁数量
alpha = 1;                   % 信息素重要程度因子
beta = 5;                    % 启发函数重要程度因子
rho = 0.1;                   % 信息素挥发因子
Q = 1;                       % 常系数
Eta = 1./D;                  % 启发函数
Tau = ones(n,n);             % 信息素矩阵
Table = zeros(m,n);          % 路径记录表
iter = 1;                    % 迭代次数初值
iter_max = 200;              % 最大迭代次数
Route_best = zeros(iter_max,n);   % 各代最佳路径
Length_best = zeros(iter_max,1);  % 各代最佳路径的长度
Length_ave = zeros(iter_max,1);   % 各代路径的平均长度
% 迭代寻找最佳路径
while iter <= iter_max
    % 随机产生各只蚂蚁的起点城市
```

```
start = zeros(m,1);
for i = 1:m
    temp = randperm(n);
    start(i) = temp(1);
end
Table(:,1) = start;
%构建解空间
citys_index = 1:n;
%逐只蚂蚁进行路径选择
for i = 1:m
    %逐个城市进行路径选择
    for j = 2:n
        tabu = Table(i,1:(j - 1));  %已访问的城市集合(禁忌表)
        allow_index = ~ismember(citys_index,tabu);
        allow = citys_index(allow_index);  %待访问的城市集合
        P = allow;
        %计算城市间的转移概率
        for k = 1:length(allow)
            P(k) = Tau(tabu(end),allow(k))^alpha * Eta(tabu(end),allow(k))^beta;
        end
        P = P/sum(P);
        %用轮盘赌法选择下一个访问城市
        Pc = cumsum(P);
        target_index = find(Pc > = rand);
        target = allow(target_index(1));
        Table(i,j) = target;
    end
end
%计算各只蚂蚁的路径距离
Length = zeros(m,1);
for i = 1:m
    Route = Table(i,:);
    for j = 1:(n - 1)
        Length(i) = Length(i) + D(Route(j),Route(j + 1));
    end
    Length(i) = Length(i) + D(Route(n),Route(1));
end
%计算最短路径距离及平均距离
if iter == 1
    [min_Length,min_index] = min(Length);
    Length_best(iter) = min_Length;
    Length_ave(iter) = mean(Length);
    Route_best(iter,:) = Table(min_index,:);
else
    [min_Length,min_index] = min(Length);
    Length_best(iter) = min(Length_best(iter - 1),min_Length);
    Length_ave(iter) = mean(Length);
    if Length_best(iter) == min_Length
        Route_best(iter,:) = Table(min_index,:);
    else
        Route_best(iter,:) = Route_best((iter-1),:);
```

```
            end
        end
        % 更新信息素
        Delta_Tau = zeros(n,n);
        % 逐只蚂蚁计算
        for i = 1:m
            % 逐个城市计算
            for j = 1:(n - 1)
                Delta_Tau(Table(i,j),Table(i,j + 1)) = Delta_Tau(Table(i,j),Table(i,j + 1)) +
Q/Length(i);
            end
            Delta_Tau(Table(i,n),Table(i,1)) = Delta_Tau(Table(i,n),Table(i,1)) + Q/Length(i);
        end
        Tau = (1 - rho) * Tau + Delta_Tau;
        % 迭代次数加 1,清空路径记录表
        iter = iter + 1;
        Table = zeros(m,n);
end
% 结果显示
[Shortest_Length,index] = min(Length_best);
Shortest_Route = Route_best(index,:);
disp(['最短距离:'num2str(Shortest_Length)]);
disp(['最短路径:'num2str([Shortest_Route Shortest_Route(1)])]);
% 绘图
figure(1)
plot([citys(Shortest_Route,1);citys(Shortest_Route(1),1)],...
    [citys(Shortest_Route,2);citys(Shortest_Route(1),2)],'o - ');
grid on
for i = 1:size(citys,1)
    text(citys(i,1),citys(i,2),['  'num2str(i)]);
end
text(citys(Shortest_Route(1),1),citys(Shortest_Route(1),2),'       起点');
text(citys(Shortest_Route(end),1),citys(Shortest_Route(end),2),'       终点');
xlabel('城市位置横坐标')
ylabel('城市位置纵坐标')
title(['蚁群算法优化路径(最短距离:'num2str(Shortest_Length) ')'])
figure(2)
plot(1:iter_max,Length_best,'b',1:iter_max,Length_ave,'r:')
legend('最短距离','平均距离')
xlabel('迭代次数')
ylabel('距离')

title('各代最短距离与平均距离对比')
```

图书资源支持

感谢您一直以来对清华版图书的支持和爱护。为了配合本书的使用，本书提供配套的资源，有需求的读者请扫描下方的"书圈"微信公众号二维码，在图书专区下载，也可以拨打电话或发送电子邮件咨询。

如果您在使用本书的过程中遇到了什么问题，或者有相关图书出版计划，也请您发邮件告诉我们，以便我们更好地为您服务。

我们的联系方式：

地　　址：北京市海淀区双清路学研大厦 A 座 701

邮　　编：100084

电　　话：010-83470236　010-83470237

资源下载：http://www.tup.com.cn

客服邮箱：2301891038@qq.com

QQ：2301891038（请写明您的单位和姓名）

资源下载、样书申请

书圈

扫一扫，获取最新目录

课 程 直 播

用微信扫一扫右边的二维码，即可关注清华大学出版社公众号"书圈"。